喀斯特地区土壤微生物多样性及与植物适生性关系研究

魏　源　等著

中国环境出版集团・北京

图书在版编目（CIP）数据

喀斯特地区土壤微生物多样性及与植物适生性关系研究/魏源等著. —北京：中国环境出版集团，2020.9
ISBN 978-7-5111-4426-3

Ⅰ. ①喀…　Ⅱ. ①魏…　Ⅲ. ①喀斯特地区—土壤微生物—生物多样性—关系—植物生态学—研究　Ⅳ. ①S154.3 ②Q948.1

中国版本图书馆 CIP 数据核字（2020）第 172437 号

出 版 人　武德凯
责任编辑　殷玉婷　林双双
责任校对　任　丽
封面设计　宋　瑞

出版发行　中国环境出版集团
（100062　北京市东城区广渠门内大街 16 号）
网　　址：http://www.cesp.com.cn
电子邮箱：bjgl@cesp.com.cn
联系电话：010-67112765（编辑管理部）
发行热线：010-67125803，010-67113405（传真）
印　　刷　北京建宏印刷有限公司
经　　销　各地新华书店
版　　次　2020 年 9 月第 1 版
印　　次　2020 年 9 月第 1 次印刷
开　　本　787×960　1/16
印　　张　13
字　　数　206 千字
定　　价　50.00 元

前言

喀斯特地貌在世界上广泛分布，特殊的多相多层复杂界面体系使喀斯特生态系统具有环境稳定性差，对环境的敏感度增加的特点，进而表现出生态恢复力低、生态环境脆弱和石漠化等环境问题。喀斯特石漠化是指在亚热带脆弱的喀斯特环境背景下，受人类不合理社会经济活动的干扰破坏，造成土壤严重侵蚀，基岩大面积出露，土地生产力严重下降，地表出现类似荒漠景观的土地退化过程。微生物作为生态系统的重要组成部分，在生态系统的物质循环、能量流动和信息传递方面中发挥着重要作用。土壤微生物能够通过参与土壤环境中的多种生理化学反应继而影响土壤理化性质。土壤微生物多样性是土壤微生物本身行使生态学功能的基础和保障，在维持土壤质量和生态系统的稳定性方面都起到了非常重要的作用，土壤微生物多样性可以反映出生态系统的很多信息，并对环境变化敏感，可以作为评价生态系统健康的重要指标。微生物与植物之间也有密不可分的联系。例如，关键功能菌群丛枝菌根真菌在土壤环境中广泛存在，作为一种专性活体营养微生物，它能与绝大多数植物形成共生关系继而影响植物的养分吸收及多种生理生化反应。丛枝菌根真菌在植物适应逆境环境、维持生态系统稳定性方面都具有重要作用。我国作为世界上喀斯特发育最典型的国家之一，一直面临着严重的喀斯特地区生态退化及石漠化问题。因此，通过研究喀斯特地区土壤微生物多样性和关键功能菌群，揭示喀斯特生态系统的土壤微生物多样性特征及与植物适生性关系，能有效开发石漠化生态治理的菌种资源，为微生物在石漠化生态恢复中的应用提供理论基础。

目前，喀斯特土壤微生物多样性的研究主要是以细菌为主，缺乏对喀斯特生态系统土壤微生物多样性特征的系统性研究，特别是缺少喀斯特生态环境特点（小生境微地貌）下的土壤微生物多样性以及关键功能菌群研究。另外，已有的研究以传统的生理生化方法为主，无法反映喀斯特地区土壤微生物多样性的真实性。

本书利用现代分子生物学方法较为系统全面地研究并阐述了喀斯特生态系统中的土壤微生物多样性和分布特征，分析生态演替和小生境微地貌空间变异对土壤微生物多样性的影响及其反映的环境信息，同时研究了关键功能菌群丛枝菌根真菌在植物适应喀斯特生态环境中的具体贡献，首次从地下生态学的角度探讨喀斯特植物的适生机制，为石漠化治理探寻了新思路和新方法。全书共分为 8 章，第 1 章由魏源完成，介绍了喀斯特生态系统，土壤微生物以及丛枝菌根真菌的背景知识，重点阐述了本研究的选题依据，研究意义以及研究内容方案；第 2 章由魏源、周民、王凡凡完成，论述研究区概况和研究方法；第 3 章由魏源、米屹东、刘雪松完成，论述了喀斯特地区的植物生态演替对土壤微生物多样性的影响；和第 4 章由魏源、李信茹、苏海磊完成，论述了喀斯特地区的不同小生境对土壤微生物多样性的影响；第 5 章和第六章由魏源、喻文强、陈海燕完成，论述了喀斯特地区丛枝菌根真菌的遗传多样性及丛枝菌根真菌对喀斯特适生植物生理生态的影响；第 7 章由魏源、李信茹完成，论述了本研究的结论，创新点和前景展望。全书由魏源统编定稿。本书内容得到了中国科学院地球化学研究所王世杰研究员和中国环境科学研究院吴丰昌院士的悉心指导，在此表示衷心的感谢！中国环境出版有限责任公司的殷玉婷编辑为本书的出版付出了辛苦的汗水，在此致以诚挚的感谢！

鉴于喀斯特生态系统的复杂和特殊性，本书有一定的侧重性。有关喀斯特地区的研究尚需更多学者不断研究和探索，有关喀斯特生态系统的研究必将得到进一步的补充和完善，由于作者水平有限，殷切希望广大读者批评指正。

本书的研究成果得到以下资助：特此感谢

（1）科技部科研院所技术开发研究专项：AM 真菌-苎麻联合修复复合重金属污染土壤的技术研发（2014EG166135）。

（2）国家自然科学基金项目：AM 真菌介导下锑在土壤-水稻系统中的迁移转化和相关蛋白的分子调控机制（41977294）。

作者

2020 年 7 月

目录

第1章

研究综述及选题依据

本书的研究主线是结合喀斯特地区的生态环境特点，较为详细、全面地阐述喀斯特生态系统中的土壤微生物多样性和分布特征，分析生态演替和小生境微地貌空间变异对土壤微生物多样性的影响，同时研究关键功能菌群在植物适应喀斯特生态环境中的具体贡献，发掘在石漠化治理实践中具有应用价值的微生物资源。本书涉及的研究主体基本包括三大部分：喀斯特生态系统、土壤微生物多样性、丛枝菌根真菌。本章分别对以上三大部分的概念、研究现状和进展进行综述，在此基础上阐明选题依据和研究方案。

1.1 喀斯特生态系统研究

1.1.1 喀斯特生态系统

喀斯特（Karst）原是前南斯拉夫西北部沿海一带碳酸盐岩高原的地名。19世纪末，南斯拉夫学者 Cvi jic J 研究了喀斯特高原的奇特地貌，并把这种地貌叫作喀斯特地貌。此后，科学家就借用喀斯特地名来称呼碳酸盐岩地区一系列特殊地貌过程和水文现象。喀斯特地貌是由岩溶作用所形成的地表形态和地下形态。所谓岩溶作用是以地下水为主、地表水为辅，以化学过程为主（溶解和沉淀）、机械过程（流水侵蚀和沉积、重力崩塌和堆积）为辅对可溶性岩石的破坏和改造作用（袁道先，1988）。

喀斯特地貌在世界上有广泛的分布，面积近 2 200 万 km^2，约占陆地面积的15%，主要集中在低纬度地区，居住着约 10 亿人口，包括中国西南、东南亚、中亚、地中海、南欧、北美东海岸、加勒比、南美西海岸和澳大利亚边缘等地区。集中连片的喀斯特主要分布在欧洲中南部、北美东部和中国西南等地区。中国是世界上喀斯特发育最典型的国家之一，碳酸盐岩出露面积超过 124 万 km^2，约占国土总面积的 13%，是世界上喀斯特面积比例最高的国家（王世杰，2003；朱华，2007）。中国碳酸盐岩分布广泛，主要集中在三个大的区域，即南方以贵州为中心的南方喀斯特，北方以山西为中心的北方喀斯特和青藏高原地区的高山高原喀斯特。中国南方喀斯特地处热带亚热带季风气候区，溶岩面积出露大，超过 55 万 km^2，是世界上最大的连片裸露碳酸盐岩分布区，受喜马拉雅构造抬升运动影响，岩石被切割程度大，非常利于喀斯特发育，是中国喀斯特发育最为完美的地区，锥状、塔状、石林、峡谷喀斯特发育极好，洞穴系统也很发达，有些地区森林生态系统也保存得很好。无论是喀斯特面积、地貌的发育程度、地貌类型的多样性，还是生态类型、生物多样性、景观价值等方面，北方喀斯特和高山高原喀斯特都远不能与南方喀斯特地区相比（熊康宁等，2008；谢世友，2009）。

喀斯特生态系统是受岩溶环境制约的生态系统，其系统中的物质能量迁移都带有岩溶环境的烙印（袁道先，2001；曹建华，2004）。袁道先（2001）用图表的格式清楚地描述了我国南方喀斯特生态系统的结构（图 1-1），它由无机环境和生命两个部分组成，后者受前者制约。喀斯特生态系统的运行受到两个系统的联合作用驱动，主要是无机方面的岩溶动力系统和生命方面的遗传信息传递系统。岩溶动力系统是在气圈、水圈、岩石圈和生物圈之间，以碳、水、钙及其他金属元素为主要形式的物质能量传输系统，并受到已有岩溶形态的影响。它决定着喀斯特生态系统中无机环境方面的两个特点即偏碱性岩石和贫瘠的土壤，以及双层结构和地下空间的形成，并影响生态系统的生命。遗传信息传递系统则通过遗传信息按照中心法则由 DNA 到 RNA 到蛋白质的传递，控制着在无土、缺水、富钙的地面环境，以及无光、潮湿、相对恒温的地下环境的特殊生产者、消费者和分解者群落的形成和演化，从而构成了喀斯特生态系统。

1973 年，Le Grand 在《科学》杂志上发文指出了喀斯特地区的生态问题以来，喀斯特生态环境受到世界各国的普遍关注。1983 年 5 月，美国科学促进会第 149 届年会安排了喀斯特环境问题专题讨论，将喀斯特环境列为一种脆弱的环境。特殊的地质背景决定了喀斯特生态系统具有环境容量低、生物量小、群落逆向演替快、生态环境系统变异敏感度高、空间转移能力强、稳定性差等一系列生态脆弱性特征（杨明德，1990；Sweeting，1995；龙健等，2002）。虽然关于喀斯特生态系统脆弱性的研究很多，但目前仍无一个确切的定义。靖娟利等（2003）用岩性、土层厚度、土地利用类型、植被覆盖率来评价西南部岩溶山区生态环境脆弱性；胡宝清等（2004）选取地质地貌指标、气候水热指标、土地利用/覆被指标、人类社会经济状况指标 4 大类共 16 项指标，对广西 50 个典型岩溶县市生态环境脆弱性进行综合评价；李阳兵等（2002）从宏观角度把西南岩溶生态系统的脆弱性分为基底性脆弱、界面性脆弱和波动性脆弱。上述研究指标选取多注重地表形态变化或反映人为作用对岩溶区生境干扰而引起的生境退化，然而对岩溶生态系统的生态过程、生态功能及其与生态格局关系的研究仍是分散的，致使目前仍不能定量阐明岩溶生态系统脆弱性的内在特性，进而选择恰当的评价指标对现有的岩溶退化生态系统进行评价，以指导当前岩溶石漠化土地的生态恢复重建。

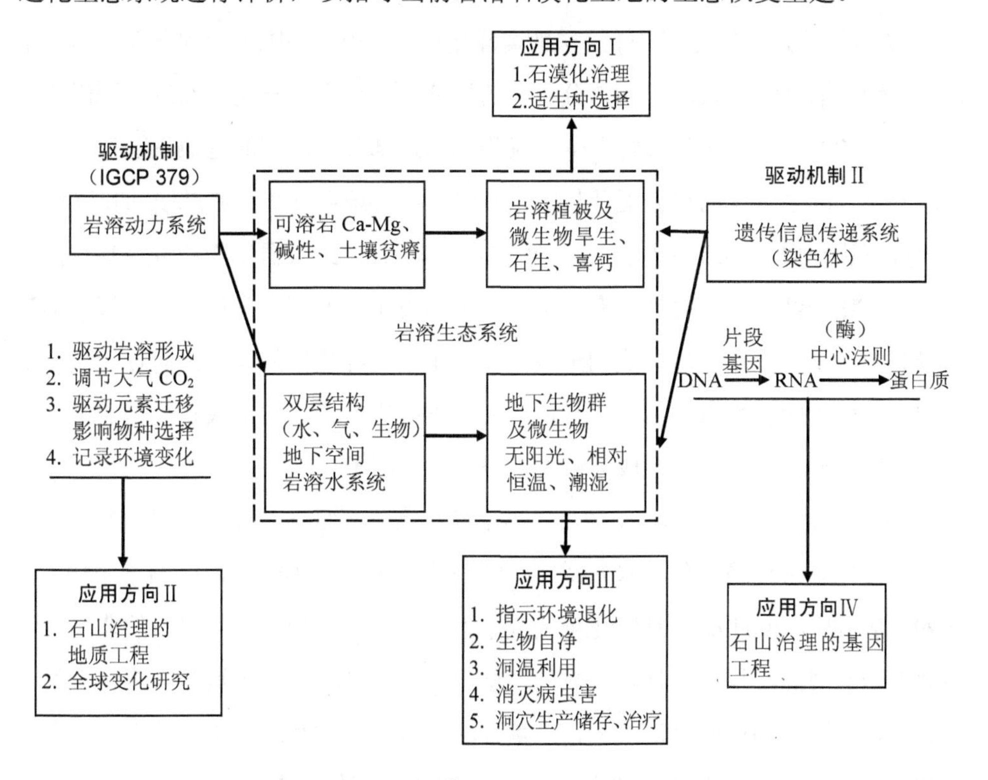

图 1-1　岩溶生态系统的结构、驱动机制和功能框图

1.1.2 喀斯特小生境研究

喀斯特生态系统最典型的特征就是基岩大面积裸露于地表，地表破碎度高，小生境十分复杂。与草原、高山等常态地貌类型小生境相对一致、单调的特点相比较，喀斯特地貌具有丰富多样的小生境。岩溶地区的生境多样性集中表现为小生境类型及其组合的多样性和时空变化的无序性。岩溶环境的土壤可以与石面、石缝、石沟、石洞、石槽、溶洞等组合形成多种小生境类型，即地表土被不连续但可以与地下空间广阔、低水平持续供应养分的生境相结合形成多层生态空间。喀斯特生境中小生境的分化与地表微形态或微地貌的变化密切相关（杜雪莲等，2010）。

岩溶山区土壤在较大取样面积呈集群分布，受控于裂隙的空间展布和地貌部位；在较小取样面积尺度呈均匀分布和随机分布，分布于石沟、石缝等肥沃生境（李阳兵，2004）。土壤异质性改变土壤物质的局部分配的同时造成景观格局与过程的变化。降水资源的再分配及与此相应的土壤资源再分配（通过侵蚀和沉积），是土壤斑块异质性形成最为主要的影响因素；同时裸露岩面生物结皮与景观内的微地形变化相结合，显著地改变了小尺度范围内水文循环和土壤侵蚀过程，加速了景观中一个个土壤资源斑块的形成，促进了景观异质性的发展；而自然演替形成的小尺度上的土壤斑块和生境异质性对于维持岩溶景观的健康状况是非常重要的，生境异质性的存在甚至成为植被演替的主导因子。

不同小生境的生态因子差异大，小生境植物分布复杂多样，植被的差异不仅影响森林生态系统的养分和水分循环，而且使喀斯特溶蚀过程发生变化（潘根兴，1999；李阳兵，2004）。喀斯特生境的复杂性主要体现在地表出露岩石的非均匀性与地下岩石裂隙结构的多样性形成的多层生态空间结构，而土壤是岩石、大气、水、生物等圈层的敏感交汇地带，土壤环境与植被演替和地下水运动之间存在明显的互动响应，其变化对喀斯特生态环境变迁与演化有着重要的影响（刘方，2008）。土壤空间的异质性不仅改变土壤养分和水分的空间分布，同时造成植物分布格局与生长过程的变化。

由于小生境在喀斯特生态系统中的重要作用，人们对喀斯特小生境的研究也逐渐增多。除了小生境类型的分布格局、土壤水分、大型土壤动物、小气候、土壤样品采集方法等方面，对不同小生境土壤微生物学特性的研究也逐渐受到重视（熊华等，2008；杨瑞等，2008；李安定等，2008；叶岳等，2009；王世杰等，2007b；魏媛等，2008；魏媛等，2009a；魏媛等，2009b）。

1.1.3　喀斯特石漠化问题研究

石漠化是指在亚热带脆弱的喀斯特环境背景下，受人类不合理社会经济活动的干扰破坏所造成的土壤严重侵蚀、基岩大面积出露、土地生产力严重下降、地表出现类似荒漠景观的土地退化过程。喀斯特石漠化是土地荒漠化的主要类型之一，它以脆弱的生态地质环境为基础、以强烈的人类活动为驱动力、以土地生产力退化为本质、以出现类似荒漠景观为标志（王世杰，2003）。

从起因上看，石漠化是潜在的自然因素基础上叠加人类活动所致，其发展趋势决定于人地关系协调与否。岩溶石漠化形成的主要自然原因之一是可溶岩尤其是碳酸盐岩的造壤能力低与水土流失量的失调（柴宗新，1988；李阳兵，2002）。大幅度的新生代抬升、坚硬的碳酸盐岩持水性低、长期强烈的岩溶化作用造成的地表地下双重空间结构、地表干旱缺水和植被恢复困难，也是形成石漠化的背景条件。同时，地史上多次造山运动致使西南岩溶山区地势高低悬殊，为岩溶发育和石漠化提供了动力潜能（袁道先，1989）。

人为原因方面，西南岩溶山区人类生存的基本条件——可利用的耕地单位面积比重小，质量差，物质生产量不高，生产能力也比非喀斯特地区低，能供养的人口也较少。但目前喀斯特山区的人口密度远远大于其理论人口容量，大多数地区超载严重（王世杰，2003）。人们自觉或不自觉地以破坏环境和掠夺自然资源为代价，来维持不断增长的人口需要，如贵州农村平均每年消耗薪柴达 2.0×10^7 t，其中合理樵取的仅占 20.6%，其余皆为过量樵取（屠玉麟，1994）。这种不合理的人类活动最终形成“人口增加—耕地开垦增多—林地减少—土地石漠化—经济贫困”的恶性循环，加剧了生态环境条件的进一步恶化，造成人类与环境相互关系的严重失调。高负荷的人口压力叠加在脆弱的喀斯特环境之上，使喀斯特生态系统遭到严重破坏（王世杰，2003）。发展至今，“石漠化”已不再单纯是一个地质学上的定义，而是将地质—生态环境—人类活动三者整合在一起的一个综合性的定义，同时再一次肯定了不合理的人为活动才是导致石漠化的主要原因（张盼盼等，2008；李阳兵等，2003）。

石漠化是喀斯特地区生态环境恶化的极端形式，是喀斯特地区最突出的生态地质环境问题，被称为“地球癌症”（熊平生等，2010）。喀斯特石漠化不仅使土地生产力衰减，而且严重影响农业、林业、牧业生产，甚至危及人类生存，目前已经成为制约中国西南地区可持续发展最严重的生态地质环境问题。同时喀斯特石漠化地区因植被稀疏、岩石裸露，致使涵养水源的功能衰减，迟滞洪涝的能力明显降低，流域面上的土壤由于集中降雨的冲刷侵蚀，大部分泥沙随地表径流进入长江和珠江，在两江中下游淤积，导致河道淤浅变窄，湖泊面积及其容积逐年缩小，继而蓄、泄洪水能力下降，直接威胁到长江、珠江下游地区的生态安全（王世杰，2003；李凤全等，2003）。我国西南岩溶地区石漠化问题已非常严重，不仅受到了国内外专家、学者的关注，而且已经引起了党和国家的高度重视。2000 年，就已将“推进西南岩溶地区石漠化综合整治”列入我国“十五”计划。目前，石漠化地区生态恢复策略主要是“工程治理+生态农业治理+控制人口增长速度+政策扶持”，其中工程治理和生态农业治理是硬性措施，控制人口和政策扶持是软性措施。如以贵州省为例，就有多种石漠化治理模式：晴隆县以草地畜牧业为主线的石漠化治理；贞丰干热峡谷区以经济灌木为主线的“花椒—养猪—沼气”的石漠化治理；关岭县以水土保持为主线的石漠化治理等（袁道先，2008）。但由于石漠化问题的基础研究工作相对滞后，目前对于这些实践活动还缺乏理论的总结和思考，更缺乏从机理和本质上对石漠化生态修复的指导。理论和关键技术落后于实践的需要导致石漠化治理的效果并不乐观，特别是对喀斯特地区土地退化成因与发生机制、喀斯特生态系统功能维持机制及演变规律认识不足、缺乏喀斯特生态系统退化的综合防治理论与支撑技术体系是最重要的原因。目前，石漠化面积继续扩大的总体趋势并没有得到有效阻止。

1.1.4 喀斯特植物适生性研究

植物是生态系统的主体，更是生态恢复的关键。土壤是植物赖以生存的基础，喀斯特生态环境的特殊性造就了这一地区土壤干旱、低磷、偏碱、高钙的特点。一个生态系统的植物是与当地环境长期相互选择的结果，长期生长在不同土壤上的植物形成了不同的生态适应类型。所以，从机理上了解清楚植物是如何适应喀斯特地区环境特点是非常有必要的，开展喀斯特植物适生性研究对如何科学合理地进行生态调控和有针对性地研制石漠化生态恢复技术都具有重要指导意义。

通过形态学观察认为喀斯特植物有以下几种特征类型来适应干旱生境：①落叶或枯萎类：干旱时可通过落叶或枯萎来减少水分的散失，当水分供应充足很快又恢复常态；②肉质化或多汁化类：叶片或茎贮存大量水分，可在缺水时维持正常的生理代谢过程；③茎、叶多毛化或多刺类：叶片具发达的毛状体，这些毛状体呈灰色或白色，可反射阳光的照射，有免受热失水的作用；④叶片具厚角质层类：植物叶片是革质的，具很厚的角质层，可防止水分蒸发、抵御干旱；⑤特化根茎类：根或茎的外部形态发生变化，可通过存贮大量水分，渡过缺水期（韩玉杰，2007）。除了形态学的适应方式，喀斯特植物还通过生理过程来适应干旱环境。容丽等的研究表明喀斯特地区优势植物一般有较大的蒸腾临界值和较高的水分利用效率，即产生单位同化物质所需的水分量较低，且随喀斯特地区石漠化程度等级的加重和干旱胁迫加剧，其水分利用效率提高（容丽等，2007；容丽等，2008）。

石灰土中的碳酸盐可与土壤中的磷结合形成稳定性较强、不可被植物根系直接吸收利用的磷酸钙或磷酸镁，当石灰土和酸性土壤中总磷和总无机磷含量相似时，石灰土中溶解性磷和可交换态磷的浓度较低。因此，是否能有效地改善土壤中磷素的植物可利用性是植物在石灰性土壤上能否生长的关键。近年来，关于石灰土上植物对土壤低磷环境适生机制的研究成果多集中在植物形态学和生理生态学领域。低磷胁迫下，喀斯特植物主根的向地性生长减弱，侧根在表层土中的分布增加，形成浅根式根构型，有利于植株从表层土中吸收养分（Ge et al.，2000；严小龙等，2000；苗淑杰等，2007）。同时，通过增加不定根、排根的形成和根毛的密度、长度，增大根系表面积以扩大根表面与土壤基质接触的体积，从而提高植株利用土壤磷素的能力（Johnson et al.，1996；潘相文等，2005）。喀斯特植物还会通过其根系分泌物如有机酸（盐）和磷酸（酯）酶来活化土壤磷素，增加植物可利用态的含量。根系分泌的有机酸（盐）活化土壤磷素最直接的方式是酸化根际土，提高根际土酸度，增加土壤磷的溶解度。一般来说，石灰土地区的喜钙植物根系会分泌草酸、柠檬酸和苹果酸（主要是草酸盐和柠檬酸盐）三种有机酸（盐）来提高土壤中营养物质的利用率，活化能力为：草酸＞柠檬酸＞苹果酸（Ström et al.，1994；Tyler et al.，1995；Ström，1997，2005）。

植物如何适应喀斯特偏碱高钙环境的研究主要是从形态学和生理过程两个方面开展的。研究表明，生长在石灰性土壤上的许多植物能够形成大量钙化根，钙化根不仅能增强难溶性养分的移动性，而且还能将钙固定在根组织以保护地上部分免受过量钙的毒害（Rita，2003）。另一些石灰土优势种或常见种，能够通过控制对土壤 Ca^{2+} 的吸收或是向地上部分的转运来调控 Ca^{2+} 在植株内的分配，从而有效地限制 Ca^{2+} 在光合作用营养器官中的含量（姬飞腾，2009）。碳酸酐酶在植物适应喀斯特偏碱环境中扮演着重要角色，碳酸酐酶能促进土壤 CO_2 的固定并产生 H^+，这一过程有助于植物适应偏碱环境（李涛，2006）。

总体来讲，前期对喀斯特植物的适生机制研究多集中于形态结构和植物自身的生理过程两方面，而对植物的地下生态学过程缺乏了解，尤其是植物与微生物共生关系方面的研究十分欠缺。后期的研究已开始注意微生物在植物喀斯特适生性方面的作用，如有研究表明与植物共生微生物的特异性、多样性、丰富度可能有助于植物适应喀斯特碱性环境（Li et al.，2004；Li et al.，2005）。因此，喀斯特植物与微生物共生关系的研究不容忽视，它将有助于我们从地下生态学的角度更加全面合理地揭示喀斯特植物的适生机制，而且很有可能能够为生态调控和石漠化治理实践提供新的思路和方法。

1.2　土壤微生物多样性研究

1.2.1　土壤微生物多样性概念

土壤是微生物的大本营，是微生物生长和繁殖的天然培养基，土壤微生物资源在自然界中最为丰富。土壤微生物多样性，是指土壤生态系统中所有的微生物种类、它们拥有的基因以及这些微生物与环境之间相互作用的多样化程度。一般认为，土壤微生物多样性存在于基因、物种、种群以及群落等 4 个层面，是土壤生态系统的一个基本生命特征，也是时间和空间的函数（周德庆，1993；黄昌勇，2000）。土壤微生物多样性研究对于探索自然生命机制、开发超常生物资源、应对全球气候变化、治理各类环境污染、维持生态服务功能及促进土壤持续利用等方面具有重要意义。

微生物的物种资源极其丰富，微生物多样性的研究是整个生物多样性研究的重要组成部分（Amann et al.，1995）。当前对土壤微生物多样性的研究主要集中在物种多样性、遗传多样性、生态类型多样性和功能多样性等 4 个水平。①物种的多样性是土壤微生物多样性研究中最基本的内容。土壤微生物的物种多样性是指土壤生态系统中微生物的物种丰富度和均一度，这是微生物多样性的最直接表现形式（林先贵等，2008）。②遗传多样性是指土壤微生物在基因水平上所携带的各类遗传物质和遗传信息的总和，这是微生物多样性的本质和最终反映。微生物遗传多样性在分子水平上体现在遗传物质的碱基排列顺序的多样性和组成核酸分子的碱基数量的巨大性。此外，DNA 复制中出现的碱基或碱基对变化、双链 DNA、单链 DNA、双链 RNA 和单链 RNA 等多种遗传信息的存在、转导转化和接合及准性生殖等微生物特有的基因重组现象，使微生物遗传的多样性大大扩展，也为微生物遗传变异、系统进化提供了多样化手段。微生物正是通过更换遗传物质使自身不断地发生变化，从而适应不同的生态环境（张薇等，2005）。③生态类型多样性是指不同类型生态系统中土壤微生物组成上的差异。不同的自然环境单元在生命因子和非生命因子方面都有着显著差异，这些差异导致了土壤微生物多样性的差异。远到高寒极地、高山冻原、悬崖峭壁、火山岩，近到森林、沙漠、草原、农田、牧场等，它们都形成了各自的土壤微生物多样性。土壤微生物的生态类型多样性对于维持全球生态系统的多样性具有重要意义。④功能多样性是指土壤微生物群落所能执行的功能范围以及这些功能的执行过程，如分解功能、营养传递功能以及促进或抑制植物生长的功能等，这些对土壤生态功能及自然界元素循环具有重要意义。正是由于微生物具有多种多样的代谢方式和生理功能，因而可以适应各种不同的生态环境，并以不同的生活方式与其他生物相互作用，从而构成了地球上丰富多彩的生态体系（林先贵等，2008）。

1.2.2 土壤微生物多样性生态学意义

土壤圈是地球系统的重要组成部分，土壤微生物是土壤中最活跃的部分，是土壤分解系统的主要成分，在推动土壤物质转换、能量流动中起着重要作用，是生物地球化学循环的主要推动者，在生物圈的维持中起中枢作用。土壤微生物多样性是土壤微生物行使其生态学功能的基础和保障，在维持土壤质量和生态系统健康稳定方面起着非常重要的作用。土壤微生物多样性能够影响生态系统的结构、功能及过程，外界环境的各种生态因子综合作用也会影响土壤微生物多样性，土壤微生物多样性能够反映外界环境的很多信息，所以常被作为评价生态系统稳定性和监测土壤质量变化的敏感指标（Kennedy et al.，1995；Karlen et al.，1998；Stenberg et al.，1999）。土壤微生物多样性研究的核心内容是自然或干扰条件下土壤微生物的群落结构、种群消长、生理代谢、遗传变异及其演替规律，尤其是环境变更或管理分异条件下生态系统的微生物学监测、评价与调控，以及土壤微生物种质资源的开发与应用（林先贵，2008）。

詹建立（2009）将传统的微生物分离、培养方法和现代分子生物学技术相结合来分析荒漠化区域中的微生物群落多样性、动态性，然后通过对比不同荒漠化区域的微生物种群的动态变化，来揭示荒漠化和微生物种群动态变化的相关性，同时对新疆荒漠化区的微生物资源做较为深入的考察，从而更好地为工农业生产服务。李梓正（2010）研究呼伦贝尔草地退化程度与土壤微生物多样性的关系，结果表明，*Proteobacteria*（变形菌门）为呼伦贝尔草原土壤中的优势细菌类群，尽管所选取样点草地植被有不同程度的退化，但土壤微生物优势种群并没有发生变化，植被退化对于微生物群落结构的影响并不明显，草原的退化程度未达到引起土壤微生物群落结构显著变化的阈值。孔维栋等（2004）应用 Biolog 方法研究认为，温室盆栽番茄施用有机物料可显著提高土壤有机质及微生物群落的多样性，且施用不同腐熟程度的牛粪对多样性具有正向或负向的作用。

土壤微生物多样性种质资源方面的开发是其研究的重要领域，不仅有重要的理论指导意义，很多重要的微生物资源已被应用于实践活动，如生态保护、生物医药和农业生产等方面。例如，丰富而稳定的土壤微生物多样性有利于保持土壤肥力、防控土传病害、促进农业增产、保障产品质量；另外，从直接生产物质角度来看，某些土壤真菌的大型子实体也可被食用或药用。而且，土壤微生物种质资源在修复污染环境方面也大有作为，尤其在土壤修复、水体治理、固废处理过程中可以起到关键性作用，利用微生物分解有毒有害物质的生物修复技术也被公认为是治理大面积污染区域的一种有价值的方法。

1.2.3　土壤微生物多样性研究方法进展

土壤微生物多样性的研究层次、范围、深度是与其研究方法和技术的发展水平紧密相连的。20 世纪 70 年代以前，对微生物群落的研究主要依赖传统的分离培养方法，依靠形态学、培养特征、生理生化特性的比较进行分类鉴定和计数。

但是，由于可培养微生物仅为自然界微生物总数的1%～10%，分离培养方法对环境微生物群落结构及多样性的认识是不全面和有选择性的。可以说，不能检测大量的不可培养的微生物是传统方法最大的弊端，极大地限制了土壤微生物多样性的研究水平。

近年来，随着分子生物学、生物信息学和系统生物学等学科的发展及其与微生物学领域的交叉融合，极大地促进了微生物生态学的研究，为克服微生物分离纯化培养的限制、全面反映微生物群落的结构和功能特征提供了新的技术手段，使得人们从基因遗传水平等更多角度去更深入、更广泛地认识土壤中微生物的多样性成为可能。章家恩等（2004）用图表的形式对土壤微生物多样性的研究方法进行了概括（图1-2）。下面从遗传多样性、功能多样性两个角度分别介绍目前常用的几种较为先进的方法。

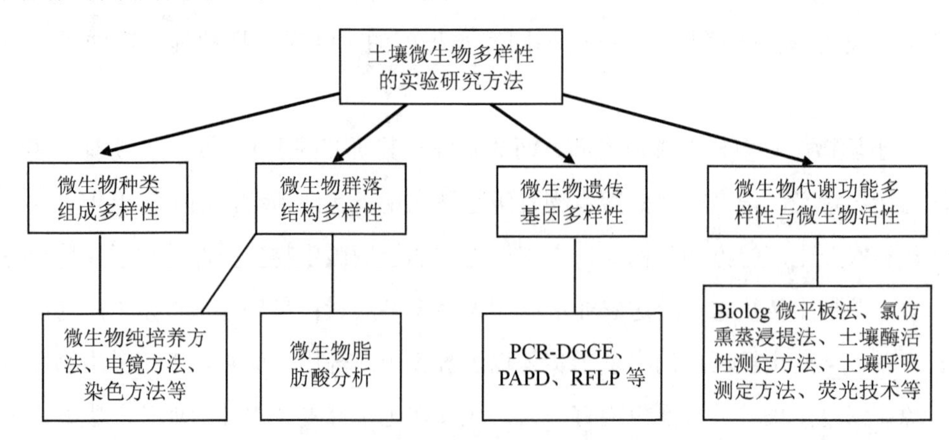

图1-2 土壤微生物多样性的实验研究方法

基于核酸分子杂交技术的方法。核酸分子杂交技术是20世纪70年代发展起来的一种新的分子生物学技术，它是根据核酸分子碱基互补配对的原理，用特异性探针（放射性同位素和荧光染料标记）与待测样品的DNA或RNA形成杂交分子，结合了标记探针的细胞就可通过放射自显影或荧光显微镜被检测出来（Medeiros PM，2006）。由于它的高度特异性和灵敏性，近年来被广泛应用于土壤微生物多样性的研究（张旭霞，2007）。该类方法中，荧光原位杂交技术（FISH）是研究环境中不可培养微生物群落多样性最为常用和有效的手段。该技术是根据已知微生物不同分类级别上种群特异的 DNA 序列，以荧光标记的特异寡聚核苷酸片段作为探针，与环境基因组中 DNA 分子杂交，检测该特异微生物种群的存在与丰度。

扩增性 rDNA 限制性酶切片段分析（ARDRA）方法。扩增性 rDNA 限制性酶切片段分析方法是美国最新发展起来的一项现代生物技术。由于此方法不受菌株是否纯培养的限制，不受宿主的干扰，具有特异性强、效率高的特点，因此被广泛用于研究共生菌、寄生菌的生物多样性。ARDRA 技术原理是基于 PCR 技术选择性扩增 rDNA 片段（如 16S rDNA、23S rDNA、16S-23S rDNA 片段），再对 rDNA 片段进行限制性酶切片段长度多态性分析（RFLP）。由于 ARDRA 技术具有快速、方便等优点，因此，ARDRA 技术非常适用于复杂的微生物系统中种类结构的研究。ARDRA 方法最大的缺点就是工作量大和耗时长（赵光等，2006）。V. Torsvik 等（1998）应用 ARDRA 和 DGGE 结合的手段成功地比较出了两种农田的微生物多样性和群落结构的不同变化。Stefan Weidner 等（1996）应用 ARDRA 技术对自然状况的海草寄生菌（*Halophila stipulacea*）进行了分群，并描述了各类群的相互关系，从而对这类细菌的遗传多样性有了客观的认识。

16S rDNA 末端标记限制性片段长度多态性分析（T-RFLPs）。由于扩增性 rDNA 限制性酶切片段分析（ARDRA）方法分析起来工作量大，人们在此基础上又发展了一种高效、灵敏的方法。该方法在用细菌通用引物 PCR 扩增 16S rRNA 基因时，在其中一条引物的 5 末端用荧光素进行标记，然后对土壤样品 DNA 进行 PCR 扩增，扩增产物 16S rDNA 经特定限制性内切酶消化后，经电泳分离，荧光素标记的末端片段经显色后，可以比较精确地确定标记末端的片段长度，或对其进行测序。末端标记限制性片段长度多态性分析是研究土壤微生物多样性和结构的一种有效而快速的手段。它克服了 ARDRA 方法工作量大、分析烦琐的缺点，同时又保留了 ARDRA 方法分析精度高、能获得土壤微生物系统发育信息的优点，是一种较为理想的方法（张瑞福，2004）。目前，RDP 数据库（http://rdp.cme.msu.edu/index.jsp）已经建立了 T-RFLP 数据库，研究者只需把自己的 T-RFLP 片段类型与数据库已知类型比较，不必测序即可知道菌株的系统类群。

16S rDNA 或 18S rDNA 的 PCR-DGGE 分析。1993 年 Muyzer 等首次将该技术用于微生物生态学的研究，并证实了这种技术在研究自然界微生物群落的遗传多样性和种群差异方面具有明显的优越性。其实验原理是：由于微生物体内 16S 或 18S 核糖体 RNA 的基因编码区含有一定的保守序列和非保守序列，保守序列可应用于 PCR（聚合酶链反应）引物的设计，非保守序列则可应用于不同种类微生物间的比较鉴定。实验首先提取土壤样品的 DNA，用根据实验目的设计的引物进行 PCR 扩增，PCR 产物用变性梯度凝胶电泳（Denaturing Gradient Gel Electrophoresis，DGGE）方法分析，借此评估微生物遗传物质多样性。本方法可同时分析多个样品，因此可以得到土壤微生物群落在时间和空间上的动态变化，且重复性好，目前在土壤微生物多样性分析上应用最为广泛。缺点是 DGGE 一般只能分析 500 个碱基对以下的 DNA 片段，因此得到的系统进化相关的信息就很少。同时对样品 DNA 的提取和纯化有较高的要求。Lapara 等（2001）用此方法研究了升高温度对好氧生物废水处理过程中细菌群落结构和功能的影响。将 PCR-DGGE 应用于分析华盛顿州东部 4 种土壤细菌群落结构和多样性，结果表明，相较于年降水量，管理和农学实践对细菌群落结构的影响更大（Ibekwe et al.，2002）。

Biolog 系统是 Garland 和 Miss 于 1991 年建立起来的一套用于研究土壤微生物群落结构和功能多样性的方法。这种方法是根据微生物对单一碳源底物的利用能力的差异，当接种菌悬液时，其中一些孔中的营养物质被利用，使孔中的氧化反应指示剂四氮唑紫呈现不同程度的紫色，从而构成了该微生物的特定指纹。以 Biolog 微孔板碳源利用为基础的定量分析为描述微生物群落功能多样性提供了一种更为简单、更为快速的方法，并广泛应用于评价土壤微生物群落的功能多样性：不同土壤类型、不同植物物种下的土壤以及不同管理策略下的农业土壤和不同植被的根际土壤。但这种方法存在选择培养问题，只有能够利用 Biolog 微孔板上的碳源的微生物才能反映出来，也只代表了整个微生物群落的一部分，这种代谢多样性类型也就不一定反映整个土壤微生物群落的功能多样性（郑华等，2004）。孟庆杰等（2008）利用 Biolog 研究了不同植被覆盖对黑土微生物功能多样性的影响，结果表明植被覆盖的变化使微生物的碳源利用类型产生了分异。

稳定性同位素探测技术（Stable Isotope Probing，SIP）是一种被用来分析土壤微生物功能多样性的方法。稳定性同位素标记技术在对土壤环境中微生物群落组成进行遗传分类学鉴定的同时，还可以确定其在环境过程中的功能，提供复杂群落中微生物相互作用及其代谢功能的大量信息，具有广阔的应用前景。其基本原理是：将原位或微宇宙（Microcosm）的环境样品暴露于稳定性同位素富集的基质中，这些样品中存在的某些微生物能够以基质中的稳定性同位素为碳源或氮源进行物质代谢并满足其自身生长需要，基质中的稳定性同位素被吸收同化进入微生物体内，参与各类物质如核酸（DNA 和 RNA）及磷脂脂肪酸（PLFA）等的生物合成，通过提取、分离、纯化、分析这些微生物体内稳定性同位素标记的生物标志物，从而将微生物的组成与其功能联系起来。

综上所述，微生物多样性不同概念层次上的研究重点不同，各种方法的偏向性和优缺点也有差异，这就要求研究者在一个系统全面的概念层次划分体系上优化表征技术的选取与组合。纵观近年国内外研究，可以看到不同层面上微生物多样性研究方法体系的一些趋势。目前微生物多样性研究正处于概念和方法体系构建阶段，单一的研究方法已经基本成熟，但方法的针对性选用和优化组合的指导体系尚未建立。今后有必要在加深对微生物多样性层次认识的基础上加强对各种研究方法的表征偏向性分析，具体的研究中要根据所属的层次和不同研究方法的特点合理选择，以便更加全面地解释样品中的微生物多样性特征（陈敏玲，2008）。

1.2.4　喀斯特地区土壤微生物及多样性研究现状

喀斯特地区的前期研究主要集中在植被、土壤、地貌、岩性等宏观方面，土壤微生物及多样性的研究工作相对滞后。随着喀斯特学科的发展和研究的不断深入，喀斯特土壤微生物及多样性的研究逐渐受到重视。魏媛等（2008）以贵州喀斯特高原生态综合治理试验示范区内退化喀斯特植被恢复过程中的土壤作为研究对象，采用室内培养、生化活性实验和相关数学分析相结合的研究方法，分别对各类土壤微生物数量、生化作用强度、微生物生物量碳、微生物熵、基础呼吸、代谢熵、微生物群落功能多样性和土壤酶活性进行了研究。沈利娜等（2007）采用稀释平板测数法和土壤常规分析对弄拉峰丛洼地 5 个不同演替阶段土壤微生物种群分布特征及土壤理化性质进行了研究。结果表明，土壤微生物分布随演替阶段和土壤深度显著变化，细菌占土壤微生物总数的 90%以上。何寻阳等（2010）利用变性梯度凝胶电泳和 Biolog Eco 生态培养平板技术，调查了喀斯特自然退耕（NT，撂荒）、人工种植经济林（CM，木豆—板栗）、免耕（PI，牧草—任豆）和传统耕作（MB，玉米大豆）4 种退耕模式下的土壤微生物遗传分类和土壤细菌代谢功能多样性。陈香碧等（2009）运用 PCR-RFLP 技术对桂西北喀斯特原生土壤和退化生态系统土壤细菌 16S rDNA 基因多样性及系统发育关系进行了研究。结果表明：原生土壤比退化生态系统土壤具有更丰富的 16S rDNA 基因型和更高的多样性指数。张平究（2010）为了探讨植被恢复对喀斯特土壤生化特性的影响，应用 PCR-DGGE 技术对云南石林景区植被恢复演替下土壤养分、微生物群落结构及活性进行了比较研究。结果表明，相对于裸露地，植被恢复显著地提高了土壤养分、微生物量碳、微生物活性、微生物熵、细菌种丰富度及基因多样性。

从技术应用层面来讲，喀斯特地区的土壤微生物及多样性研究已逐渐从传统的培养计数开始向现代分子生物学方法转变；从研究程度来讲，逐渐从生理生化向基因遗传多样性和功能多样性转变；从研究范围来讲，多集中于植被退化对土壤微生物多样性的影响。综上所述，喀斯特土壤微生物多样性研究处于起步阶段，研究目的分散，缺乏对喀斯特生态系统土壤微生物多样性特点的研究，比如小生境微地貌条件下的土壤微生物多样性特征。同时，研究对象狭窄，目前的研究多以细菌为主，缺乏对其他菌群特别是关键功能菌群的研究，严重限制了喀斯特土壤微生物多样性的全面性和菌种资源的开发。

1.3　丛枝菌根真菌研究

丛枝菌根真菌（*arbuscular mycorrhizal fungi*，AMF）是一类能与绝大部分植物的根系形成互惠共生体的微生物，它在地球上存在了 4.6 亿年之久，广泛地分布在农田、森林、草地、荒漠等各种生态系统中（Smith et al.，1997；Redecker et al.，2000；刘润进等，2007）。AMF 是与植物关系最密切的微生物之一，可以说伴随了植物的整个进化历程。由于 AMF 与植物的这种特殊而紧密的共生关系，其物种分类、多样性和生态学功能等方面一直是菌根学和生态学研究的重点，下面就以上方面进行较详细的描述。

1.3.1　丛枝菌根真菌的物种分类和多样性研究

AMF 是一类尚不能进行纯培养的微生物，早期的研究多是通过形态差异来区分不同类群的 AMF，如孢子的特征、菌根的丛枝、泡囊的特征等（盖京苹等，2005）。Morton 等（1990）就以 AMF 的形态和发育为基础提出了球囊霉目的分类系统。随着分子生物学等高科技研究手段的发展，AMF 的分类也在不断完善。2001 年，Schüβler 等对 AM 真菌的 SSU rRNA 基因序列进行系统分析后发现 AM 真菌与接合菌门、子囊菌门和担子菌门中的真菌具有共同的起源，因此把 AM 真菌从接合菌门中移出，建立了具有同等分类地位的球囊菌门，下设 1 个纲，4 个目，7 个科，9 个属。此后，AMF 的分类系统不断被补充和修正，2009 年，Schüβler 重新对 AMF 的分类系统进行了总结（表 1-1），共有 4 个目，13 个科，19 个属，214 个种，这是目前最新的分类系统。

表 1-1　最新 AMF 分类

目（Order）	科（Family）	属（Genus）	种数（Species number）
球囊霉目（Glomerales）	球囊霉科（Glomeraceae）	球囊霉属（*Glomus*）	105
多样孢囊霉目（Diversisporales）	巨孢囊霉科（Gigaspoceae）	巨孢囊霉属（*Gigaspora*）	9
	盾巨孢囊霉科（Scutellosporaceae）	盾巨孢囊霉属（*Scutellospora*）	10
	裂盾囊霉科（Racocetraceae）	裂盾囊霉属（*Racocetra*）	9
		盾孢囊霉属（*Cetraspora*）	5
	齿盾囊霉科（Dentiscutataceae）	齿盾囊霉属（*Dentiscutata*）	7
		Fuscutata	4
		Quatunica	1
	无梗囊霉科（Acaulosporaceae）	无梗囊霉属（*Acaulospora*）	34
		环孢囊霉属（*Kuklospora*）	2
	内养囊霉科（Entrophosporaceae）	内养囊霉属（*Entrophospora*）	2
类球囊霉目（Paraglomerales）	和平囊霉科（Paciglomaceae）	和平囊霉属（*Pacispora*）	7
	多样孢囊霉科（Diversisporaceae）	多样孢囊霉属（*Diversispora*）	4
		Otospora	1
	类球囊霉科（Paraglomaceae）	类球囊霉属（*Paraglomus*）	3
	地管囊霉科（Geosiphonaceae）	地管囊霉属（*Geosiphon*）	1
	双型囊霉科（Ambisporaceae）	双型球囊霉属（*Ambispora*）	8
原囊霉目（Archaeosporales）	原囊霉科（Archaeosporaceae）	原囊霉属（*Archaeospora*）	1
		Intraspora	1

近年来，国际上一直很重视 AMF 种质资源和多样性的调查工作（Rosendahl S，2008），已经建立了国际 AM 真菌保藏中心（INVAM）和欧洲菌根真菌保藏中心（BEG），我国香港大学应用生物生化技术系菌根小组建立了中国 AM 真菌（CAMF）数据库并与 BEG 连接。目前已报道的 AMF 有 214 种，我国已分离 7 属 113 种，非洲分离到 70 种，美国、法国和德国共分离到 84 种（刘润进等，2009）。

从研究方法上来讲，AMF 群落的研究方法多种多样，主要包括孢子形态鉴定、免疫化学法、脂肪酸法以及基于 DNA 分析的分子生物学法。其中，孢子形态鉴定和分子生物学法是两种常见的 AMF 多样性研究方法。从研究层次来讲，重点已经是遗传多样性和功能多样性，大量研究表明 AM 真菌在 rDNA 和 rRNA 水平上具有极为丰富的遗传多样性，主要体现在基因多态性上，而丰富的遗传多样性是物种结构和功能多样性的前提和基础（Pawlowska et al.，2004；Hijri et al.，2005；Corradi et al.，2007；刘延鹏等，2008）。Kuhn 等（2001）和 Corradi 等（2006，2007）的研究相继证实 AM 真菌单孢后代内存在功能基因变异，这种差异被认为在菌根适应环境胁迫方面有潜在重要作用。Koch 等（2006）发现根内球囊霉（*G. intraradices*）种群内的遗传变异使其表现型如根外菌丝密度存在明显的差异，造成了寄主植物对磷素吸收等方面的差异，从而促进或抑制寄主植物生长。从研究时间和程度来讲，对 AMF 的研究历史至少有 100 多年，但迄今为止，对这种广泛存在的真菌还未有比较详细的了解，对它在自然生态系统中的分布情况更是所知甚少（Koide，2004）。

AMF 在不同生态系统、不同宿主和不同时空阶段的群落组成和多样性研究一直是菌根学界所关心的命题。人们希望通过对 AMF 群落的广泛研究去探究 AMF 在自然界中的真实情况以及其对生态系统的重要作用。

1.3.2　丛枝菌根真菌生态学功能研究

AMF 与植物密切的共生关系决定其必然具有重要的生态功能，于是研究者们开展了大量的研究，结果发现 AMF 在提高植物抗旱性、抗逆行、稳定生态系统等方面扮演着重要的角色。

1.3.2.1　提高植物抗旱性

AMF 能够提高宿主植物抗旱性的观点早已被众多的实验证明。后期的研究热点已转向 AMF 改善植物水分状况提高抗旱机制方面，并已提出了一些观点：

①很多实验结果证明菌丝直接参与了水分的吸收和转运，如 Ruizlozano 等在隔网分室和 3 种供水量的条件下研究了菌根菌的菌丝对水分吸收的贡献，结果表明，菌根植株吸收的水分大多是由菌丝吸收的（Ruehle et al.，1979；Adamson et al.，1990；Ruizlozano et al.，1995；Requena，2001）。②有些研究认为 AMF 可以通过提高宿主植物在干旱条件下对矿质营养元素尤其是磷的吸收进而加强其抗旱性。唐明等（1999）通过研究干旱胁迫条件下 AMF 碱性磷酸酶活性对宿主沙棘抗旱性的影响，发现具有磷酸酶活性的菌丝对植物生长和抗旱作用最强，从而证明 AMF 可以通过改善宿主植物的磷素营养来提高其抗旱性。③AMF 还可以通过调节植物体内渗透物的含量，提高气孔导度和净光合速率，增加糖积累，降低植株叶片水势，提高过氧化物还原酶的活性，改变激素平衡等途径最终达到提高植物水分利用效率和抗旱性的目的（杨振寅等，2005）。

1.3.2.2 影响生态系统碳循环，促进植物对矿质营养元素的吸收

研究表明，丛枝菌根真菌在植物—土壤系统的碳调控中扮演了关键性角色，对土壤碳固持具有重要作用（Zhu et al.，2003）。首先，AMF 菌丝直接参与运载碳水化合物从植物进入土壤，同时 AMF 菌丝分泌的酶、疏水糖蛋白等又能促进根际微生物活性，使微生物利用根际碳组成土壤呼吸的主要部分（Leake et al.，2004）。据估计这一过程引起的碳循环每年达到大气 CO_2 再循环的 10%，远大于化石燃料燃烧释放的碳（Raich et al.，2002）。其次，AMF 菌丝本身就是土壤中不容忽视的一个重要碳库。数据显示在草原和热带雨林中，土壤有机碳库 15%的贡献来自 AM 真菌，且比其他碳库更加稳定（Miller et al.，2000）。最后，AMF 本身能够促进植物良好生长，直接提高宿主植物的初级生产力，间接增加了植物碳固持能力。

AMF 可以促进植物对氮、磷、钾、钙、镁等多种元素和微量元素的吸收，尤其是对磷的吸收，AMF 主要通过以下方式促进植物对磷的吸收：①扩大植物在土壤中吸收磷的范围。磷在土壤中的移动性很差，一般作物根际磷亏缺区小于 2mm，而 AMF 菌丝可以穿过贫磷区伸展到距根系 8～17 cm 的土壤中，大大扩展

了植物根系的吸收范围（刘进法等，2007）。Hattingh 等（1973）发现，有菌根根系的植物甚至能吸收离根表 27cm 处的 ^{32}P 标记物。②提高磷吸收速率。Sander 等（1973）的实验证明，菌根吸磷的速率为根毛的 6 倍，有菌根共生的植物磷进入根部的速度为 140～170 mol/（cm·s），而无菌根的植物吸磷速率仅为 3.6 mol/（cm·s）。③产生磷酸酶。从枝菌根真菌侵染可增加根际土壤磷酸酶活性，特别是磷缺乏的土壤，从而促进根际土壤有机磷的矿化（Yun et al.，2001）。④改变根际土壤 pH。pH 是影响土壤磷有效性的重要因素，AMF 通过影响根系的分泌作用使根际的 pH 发生变化。李晓林等（1991）利用 0.45 μm 膜在土壤中形成菌丝际空间，发现石灰性土壤的 pH 降低 0.6 个单位。研究表明，石灰性土壤中根际 pH 下降有利于植物对磷的吸收（李晓林等，1991）。同时，缺磷条件下丛枝菌根能分泌 H^+和有机酸（柠檬酸、草酸等），促进原生矿物风化，从而增加植物吸磷量（Hinsinger et al.，2001）。

1.3.2.3　提高植物的抗病性和抗盐碱性

研究表明 AMF 可以通过分泌一些化合物来激活宿主的防御系统，这样不仅能够诱发宿主根系的局部抗病作用，而且使整个根系对病原菌的抑制作用都得到增强（Pozo et al.，2002）。Vigo 等（2000）用摩西球囊菌（*Glomus mosseae*）接种马铃薯来实施对病原物的生物控制，结果发现，AM 真菌可以减少根部坏死斑数。AMF 通过促进宿主植物对水分的吸收来缓解植物生理性缺水，从而提高其抗盐碱能力（Berta et al.，1990；Davies et al.，1993）。近年来，有研究认为 AMF 还可以通过改变植物抗氧化物酶活性和相关基因的表达来避免盐胁迫对植物造成的伤害（Ruiz-lozano et al.，1996；Ruiz-lozano et al.，2001；Ghorbanli et al.，2004）。

1.3.2.4　稳定和改良土壤结构

土壤聚合体的稳定性是衡量一个土壤生态系统优良与否的重要指标（Miller et al.，1992）。AM 菌丝可以缠绕土壤微粒形成土壤团聚体的骨架，然后再进一步形成微聚体，最后菌丝和根系通过缠绕和结合这些微聚体形成更大的、更稳定的土壤团聚体（宋勇春等，2000）。Tisdall 等（1979）研究表明，在盆栽试验的不同处理中菌丝体的长度可以提高土壤团聚体耐水性，并提出了土壤团聚体的 Hierarchical 理论，这个理论认为，丛枝菌根真菌丝体在土壤团聚体形成和稳定性中起着重要作用。彭思利等（2010）研究了接种丛枝菌根真菌对土壤团聚体特征的影响，结果发现接种丛枝菌根真菌显著提高了土壤中有机质含量和球囊霉素相关土壤蛋白含量，而有机质和球囊霉素都可以改善土壤结构，同时还发现土壤水稳性大团聚体数量也显著增加，在影响土壤水稳性大团聚体的众多因子中菌丝密度具有最大的作用，且以直接作用为主。因此，AMF 被认为在维持土壤生态系统稳定性和恢复退化土壤中具有重要作用。

1.3.2.5 球囊霉素的发现

科学家们通过AMF单克隆抗体免疫荧光定位研究证实AMF可以产生一种含金属离子的糖蛋白，该蛋白难溶于水，难分解，在自然状态下极为稳定，被称为球囊霉素（Wright et al.，1996；Wright et al.，1998a；Wright et al.，1998b）。球囊霉素的发现为揭示 AMF 在生态系统中的地位和功能研究开辟了新领域。它通常产生于宿主植物的根内菌丝和根际土壤中的根外菌丝表面（Wright et al.，1996），球囊霉素的密封作用可以保护根外菌丝免受微生物的侵袭从而保证水分和营养物质在菌丝体内的运输（Driver et al.，2005）。此后，球囊霉素的土壤生态学作用被陆续发现：①研究表明球囊霉素是土壤有机质的主要组成部分，是土壤有机碳、氮的一个重要来源（Rillig et al.，1999）。Rillig 等的实验证实球囊霉素是土壤活性有机碳库中碳最重要的来源，其含量是过去认为土壤有机碳最主要来源之一的腐殖质含量的 2～24 倍，可占到土壤有机碳源的 27%（Rillig et al.，2003；Comis et al.，2004）。此外，球囊霉素还可以通过影响其他土壤微生物的活性以及土壤颗粒的稳定性进而影响土壤碳的贮存量（Jastow et al.，1998），球囊霉素不仅是土壤中一个重要的碳库，而且是有机库的重要组织者。②球囊霉素在土壤稳定结构的形成过程中扮演着超级胶水的功能（Rillig et al.，2002），其独特的超级胶水作用把小的土壤颗粒粘成直径小于0.25 mm的微聚合体，最后形成大聚合体进而形成一个较小的含有泥土、淤泥、沙石及矿物质和有机质等成分的土壤单位，这种结构稳定的土壤单元可以极大地提高土壤水分的渗透力和土壤稳定性及防止自然侵蚀的能力，同时其合理的多孔结构也为植株根系生长提供了必要的空间和较好的气体交换通道（李涛等，2005）。因此，球囊霉素被认为是AMF对宿主植物生长环境的一种积极应答机制，甚至在整个陆地生态系统的生态过程中都发挥着重要作用（Rillig et al.，2002；Rillig et al.，2004）。

1.3.2.6 控制植物群落结构和演替，稳定生态系统

不同的AMF和不同的植物之间的依赖关系差异很大，AMF会通过不同的侵染效应影响植物的种内和种间竞争，最终导致植物群落的结构变化（刘永俊，2008）。Hartnett等（1999）在野外实验条件下，研究了菌根真菌对北美高草草原植物群落组成的变化，通过杀菌剂抑制菌根真菌的处理，发现在群落中占主导地位的暖性草（主要是C_4植物）的丰度下降，而许多原来在群落中占据次要地位的C_3草本物种的丰度却相应增加。在生态系统的演替初期，往往是不具菌根的种类能够成功地定居并建立群落，然后再逐步被菌根营养的植物取代而发展为顶极生态系统（Diamond et al.，1977；Reeves et al.，1979；Janos et al.，1980）。Barni等（2000）通过对撂荒地不同演替阶段的植被的定殖情况进行研究也得到了类似上述的结果。

AMF与宿主植物之间无严格的专一性，同一种AMF可通过其伸展在土壤中的根外菌丝在同种和不同种植物的根系间形成菌丝桥（hyphal bridge），菌丝桥在植物之间可以双向传递碳（C）、氮（N）、磷（P）等物质（Mosse et al.，1953；Read et al.，1997；Simard et al.，1997）。Simard等（1997）用野外实验研究证明了花旗松和北美白桦幼苗之间可以通过菌根真菌形成的菌丝网进行碳水化合物的双向传递，并通过遮阴实验进一步证明两者之间存在着源和库调解关系。石伟琦（2010）

研究了丛枝菌根真菌对内蒙古草原大针茅群落的影响，结果发现 AMF 的存在降低了优势种垄断资源的能力，有利于保护关键种。AMF 的菌丝桥结构可以影响生态系统中的资源配置，避免优势种的过度繁殖，增加生态系统的生物多样性和稳定性。上述研究结果表明 AMF 与宿主植物的共生性和专一性影响着植物种群的建立和多样性，并进一步影响整个生态系统的变化（Van der Heijden et al.，1998）。

此外，还有研究发现 AMF 在提高植物抗极端温度、抗重金属毒性和抗酸性方面都有重要的作用（赵士杰等，1993；王曙光等，2001；廖继佩等，2002）。AM 真菌功能研究已成为菌根学领域的热点问题，随着研究手段的深入，AMF 的生态学功能将会继续被发现和解释，这将大大有助于我们对生态系统物质循环、能量流动和信息传递机理的重新思考和认识。

1.3.3 喀斯特地区丛枝菌根真菌研究现状

我国对 AM 真菌的研究是从 20 世纪 80 年代开始的，迄今为止，已经报道了 7 个属 99 种 AM 真菌，研究的对象有西双版纳热带雨林、黄河三角洲、东南沿海、西北沙漠、内蒙古草原等不同的生态系统（张美庆，1998；赵之伟，2001；王发园，2001；包玉英，2004；石兆勇，2008）。相比而言，喀斯特地区的丛枝菌根真菌研究报道非常少见，目前只有少量学者做了部分这方面的工作。例如，向旭等（2009）对黔南喀斯特次生灌丛木本植物与菌根真菌共生状况进行了调查，结果表明，调查的 17 科 29 种中，89.66%的植物受菌根真菌侵染，其中 72.41%的物种侵染率等级在中度以上，这表明喀斯特次生灌丛的植物与菌根真菌的共生现象普遍存在。何跃军（2007）研究了石灰岩适生植物构树对接种丛枝菌根真菌的生长响应，结果表明：接种 AMF 促进了宿主构树的生长，单株地上部分、地下部分生物量和全株生物量等生长指标均较对照组显著提高。Requena 等（2001）在西班牙南部地中海地区岩溶退化植被恢复土壤中对豆科植物进行接种 AMF 后发现，接种本地 AM 真菌效果比接种外来 AM 真菌好，且更能持续地维持所修复生态系统的稳定。

可以说，目前关于喀斯特地区丛枝菌根真菌的研究处于起步阶段，具有研究范围狭窄、技术手段落后、研究目的简单的缺点。特别需要指出的是，喀斯特生态系统 AMF 的多样性和分布特征这些基础研究仍是空白，野外的基础数据极度缺乏，因此 AMF 在喀斯特地区的研究和应用受到了极大的限制。

1.4 选题依据和研究意义

本书的研究目的是揭示喀斯特生态系统的土壤微生物多样性特征，研究重要功能菌群对植物适生性的具体贡献，开发石漠化生态治理的菌种资源。下面分别对每一子目的选题依据和研究意义进行论述。（考虑到丛枝菌根真菌作为关键功能菌群的重要性，所以对其多样性研究的意义也单独论述。）

1.4.1 喀斯特地区土壤微生物多样性研究的意义

如前所述，土壤微生物在生态系统的物质循环、能量流动和信息传递方面扮演着中枢角色，土壤微生物多样性是土壤微生物本身行使生态学功能的基础和保障，在维持土壤质量和生态系统的稳定性方面都起到了非常重要的作用，土壤微生物多样性可以反映出生态系统的很多信息，并对环境变化敏感，常被作为评价生态系统健康的重要指标。目前，喀斯特地区土壤微生物多样性的研究还很薄弱，缺乏对喀斯特生态系统土壤微生物多样性特征的详细描述，特别是针对特殊的喀斯特生态环境——小生境微地貌下的土壤微生物多样性研究尤其缺少。土壤微域结构与空间分异应是环境条件影响土壤微生物多样性的最直接因素，因此，研究环境变更或管理分异对土壤微生物多样性的影响以及微域环境对土壤微生物多样性的调控十分重要。而且，目前在种类上对喀斯特土壤微生物多样性的研究有限，主要是以细菌为主，缺乏对其他微生物种群尤其是关键功能种群的研究；再者，以前的研究以传统的生理生化方法为主，由于技术原因无法反映喀斯特土壤微生物多样性的真实性。综上所述，本书利用现代分子生物学方法，以喀斯特不同生态演替阶段和不同小生境类型下的土壤微生物多样性为研究对象，通过研究土壤中的两大类主要微生物类群——细菌、真菌的遗传多样性和功能多样性，争取在研究范围和层面上全面真实地揭示喀斯特生态系统的土壤微生物多样性特征及其反映的环境信息，并探讨生态演替和小生境异质性对土壤微生物多样性的影响，旨在为喀斯特生态系统保护和石漠化治理提供数据和理论支持。

1.4.2 喀斯特地区丛枝菌根真菌多样性研究的意义

AMF 的分布具有明显的地域性，在不同的生态系统尤其是像沙漠、矿山、工业污染区、盐碱土这样的逆境中都有分布，而且形成了各自不同的群落多样性，扮演着不可替代的重要角色。土壤类型、气候条件和植物多样性等环境因子都会显著影响 AMF 的多样性（陶媛等，2009；王发园等，2001）。王发园等（2003）对渤海湾的海岛林地、黄河三角洲盐碱地、鲁西南煤矿和内蒙古退化草原等几种生态环境中丛枝菌根真菌的多样性进行了调查和对比，结果发现 AMF 种的丰度、孢子密度、频度、相对多度和生态优势种等差异很大。喀斯特地区的生态环境具有空间异质性高，特殊的地质背景和气候条件等特征，在这种背景下会形成特有的 AMF 多样性。要想很好地利用 AMF 进行喀斯特生态系统保护和石漠化治理，就要充分认识喀斯特地区 AMF 的多样性和分布状况，大量的种质资源调查是开展深入研究的基础和前提。从目前的研究现状来看，喀斯特生态系统 AMF 的多样性和分布特征这些基础研究仍是空白，野外的基础数据极度缺乏，极大地限制了 AMF 在喀斯特地区的研究和应用。充分开展喀斯特地区 AMF 多样性调查，建立喀斯特地区自己的 AMF 种质资源库，这一工作不仅为以后将 AMF 应用到岩溶生态系统保护和石漠化治理提供了理论基础，而且将极大地丰富国内和国际 AMF 种质资源库。

1.4.3 丛枝菌根真菌与喀斯特植物适生性关系研究的意义

植物是生态系统的主体和生态恢复的关键。喀斯特地区的大多数植物具有石生、耐旱、喜钙的生理特性，从机理上了解清楚植物是如何适应喀斯特地区环境特点是植被恢复的关键，开展喀斯特植物适生性研究对如何科学合理地进行生态调控和有针对性地研制石漠化生态恢复技术都具有重要指导意义。如前所述，目前对喀斯特植物的适生机制研究多集中于形态结构和植物自身的生理过程两方面，而对植物的地下生态学过程缺乏了解，尤其是植物与微生物共生关系方面的研究十分欠缺。何寻阳等（2008）发现喀斯特植被演替过程中土壤微生物功能多样性与地上植被多样性具有相似的变化趋势。Chen 等（2006）在对新疆干旱荒漠生境中 AM 真菌群落调查后认为 AMF 对植物适应极端生境可能起着重要的作用。Li 等（2004，2005）的研究表明与植物共生微生物的特异性、多样性、丰富度可能有助于植物适应喀斯特碱性环境。因此，将植物地上和地下部分的生态学过程综合研究是全面、正确解释喀斯特地区植物适生机制的最佳途径。AMF 能够提高植物的抗旱性，促进植物对矿质元素尤其是磷的吸收，AMF 的生态学功能和喀斯特地区植物的适生特点具有很好的对应性，而且已有研究表明喀斯特地区的植物与 AMF 侵染关系是存在的，这说明 AMF 在植物适应喀斯特干旱、低磷、高钙的环境方面可能扮演着重要角色。那么，AMF 会不会是植物适应喀斯特环境的一种重要机制，AMF 对植物适生性的具体贡献和程度又是如何，这些都是很值得研究的课题。

综上所述，喀斯特植物与 AMF 共生关系的研究不容忽视，它将有助于我们从地下生态学的角度更加全面合理地揭示喀斯特植物的适生机制，而且很有可能为生态调控和石漠化治理实践提供新的思路和方法。

1.4.4 丛枝菌根真菌在石漠化生态修复实践中的应用研究意义

1.4.4.1 AMF 在石漠化治理实践中表现出来的潜在价值

石漠化是制约我国西南地区可持续发展的重大生态环境问题。近年来，国家投入了大量的人力、物力和财力进行石漠化的防治和治理，如封山育林、退耕还林、生态移民等措施。虽然取得了一些效果，但石漠化面积快速扩展的总体趋势并没有得到有效遏制。客观来讲，岩溶生态系统地表干旱缺水，营养元素分布不均衡，石漠化的发生更是加剧了这一现象，这种逆境环境造成植物难以定居，而且生长缓慢，生物量偏小，极大地限制了生物恢复潜力的发挥，结果导致定殖率差、成活率低，恢复周期长，恢复后的稳定性差等特点，甚至出现"连年植树不见树，连年造林不见林"的现象（王立等，2010）。主观来讲，缺乏适合的石漠化防治理论和技术体系也是导致这些现象的重要原因。AMF 能够通过提高植物的抗旱性和促进植物对营养元素尤其是磷的吸收来减轻不良环境对植物的胁迫作用，保障植物在受损和退化生态系统中健康生长，它不仅可以显著提高修复重建的成功率，并且能够缩短修复周期，保证修复效果的持续性和稳定性。AMF 这些生态学作用与岩溶生态系统的限制因子之间有着良好的耦合关系，在解决目前石漠化治理遇到的实际障碍问题上表现出很强的潜在应用价值。

1.4.4.2 将 AMF 应用到石漠化治理实践中的必要性

许多研究资料证明在干旱区、荒山荒地、侵蚀地、草原、盐碱地、矿区等地区，一般都需要有相应的菌根才能建立起植被或实现造林（王曙光等，2001；张志权等，2002）。在我国西部干旱、半干旱地区进行生态环境建设，过去认为首要的问题是缺水，而法国著名的菌根专家 F.Le Tacon 教授实地考察大青山后则认为：内蒙古西部大多干旱阳坡"连年造林不见林"的原因更主要的是缺少相应的菌根真菌，因为该区生态环境破坏相当严重，与造林树种能够自然感染形成菌根的真菌存在甚少（白淑兰等，2002）。方治国等（2002）也提出菌根真菌在极端退化环境下人工植被恢复过程中的作用非常重要。这些研究提示我们，将 AMF 应用到石漠化治理中是一种很必要的考虑和尝试。

1.4.4.3 将 AMF 应用到石漠化治理实践中的可行性

目前，许多国家都有成功利用 AMF 生物技术进行生态恢复的例子，并且把

AMF 生物技术作为最有前景的生态恢复措施。Cuenca 等（1992）成功地将 AMF 接种技术应用在委内瑞拉南部因修筑全国最大的水电站而毁坏的萨王那的植被恢复工程上。Sylvia 等（1989）在美国佛罗里达海岸侵蚀大面积防治中，通过接种 AMF 提高了滨海燕麦草在贫瘠沙滩上的成活率，并促进了植株生长。澳大利亚在矿区土地复垦中广泛地使用了菌根生物技术（Jasper et al.，1988；Abbott et al.，1995）。毕银丽等（2007）在宁夏大武口煤矸石山的复垦中应用丛枝菌根技术取得了较好的生态效应。Noyd 等（1996）利用菌根真菌接种技术在矿渣地上建立了良好的植被，形成了持久的草类群落，成功地达到了复垦的目的。俄罗斯、非洲及中东一些国家将菌根技术应用于干旱区沙漠治理及荒山荒地生态林建设也都取得了明显的成效。这些成功的应用实例告知我们，将 AMF 应用到石漠化治理中是完全有可能的。

1.4.5　研究内容和方案

本书的研究有两个目的。第一，厘清喀斯特地区土壤微生物多样性及其分布特征，为喀斯特生态治理提供数据支持，同时弥补目前这方面研究在层次、范围和技术方面的不足；第二，研究重要功能菌群丛枝菌根真菌在喀斯特植物适生性方面的贡献，筛选适合喀斯特地区生态恢复的高效菌种，为 AMF 应用到石漠化治理实践提供理论指导。所以，根据研究目的本书的研究内容主要也分为以下两个部分：

1.4.5.1　喀斯特地区土壤微生物多样性及其分布特征

该研究在贵州茂兰国家级喀斯特自然保护区及其毗邻地区进行，该区是目前世界上同纬度地区残存下来的仅有的、原生性强、相对稳定的岩溶森林生态系统，也是岩溶区原生性森林分布面积最大的地区（王世杰等，2007）。第一，区内有不同退化程度的演替群落，且各退化程度下植被群落相对完整。有利于开展同一地区不同植被类型下的土壤微生物多样性的研究，这样可以保证样品的广泛性和代表性，同时有利于研究植被演替对土壤微生物多样性的影响。第二，区内喀斯特小生境充分发育，小生境类型多样，为研究喀斯特微地貌环境下的土壤微生物多样性提供了良好的场所。同时在保护区附近选择一个非喀斯特样地作为对照，这样可以对比研究喀斯特和非喀地区土壤微生物多样性。具体研究内容如下：

（1）不同生态演替阶段下的土壤细菌遗传多样性；

（2）不同生态演替阶段下的土壤真菌遗传多样性；

（3）不同小生境类型下的土壤细菌遗传多样性；

（4）不同小生境类型下的土壤真菌遗传多样性；

（5）不同生态演替阶段下的土壤微生物功能多样性；

（6）不同小生境类型下的土壤微生物功能多样性；

（7）不同生态演替阶段下的丛枝菌根真菌遗传多样性；

（8）不同小生境类型下的丛枝菌根真菌遗传多样性。

1.4.5.2 丛枝菌根真菌对喀斯特适生植物生理生态的影响和高效生态恢复菌种的筛选

该研究在温室内进行。在前期野外多样性调查的基础上，选择 6 种丛枝菌根真菌菌种，以喀斯特适生植物诸葛菜为研究对象，以石灰土为培养基质，通过接种和不接种对比实验，研究 AMF 对诸葛菜生长的影响和机理，并通过对比接种效应选取适合喀斯特地区的高效促生菌种。具体研究内容如下：

（1）AMF 接种对诸葛菜的侵染情况；

（2）AMF 接种对诸葛菜生物量的影响；

（3）AMF 接种对诸葛菜光合特征的影响；

（4）AMF 接种对诸葛菜元素吸收的影响。

第2章

研究区概况与研究方法

2.1　研究区概况

2.1.1　地理位置

茂兰国家级自然保护区位于贵州省黔南布依族苗族自治州荔波县境内。地理位置 107°52′10″～108°05′40″ E，25°09′20″～25°20′50″ N（图 2-1）。保护区总面积 221 km^2。其中核心区 58 km^2，缓冲区 89 km^2，实验区 46 km^2，生态旅游区 20 km^2。森林覆盖率为 87.4%，核心区达 92%。该区是目前世界上同纬度地区残存下来的仅有的、原生性强、相对稳定的岩溶森林生态系统，也是岩溶区原生性森林分布面积最大的地区（王世杰等，2007）。

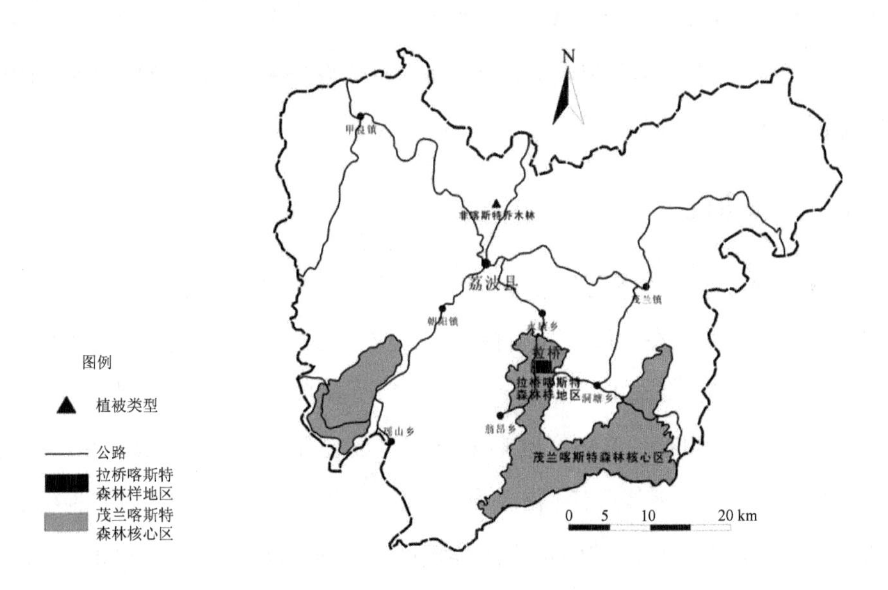

图 2-1　研究区地理位置图

2.1.2 地质地貌

茂兰喀斯特森林区位于贵州高原南部向广西丘陵平原过渡的斜坡地带，地势西北高、东南低，最高海拔 1 078.6 m，最低为 430 m，平均海拔 850 m 以上，山峰与洼地相对高差为 150～300 m。区内主要出露地层为纯质石灰岩及白云岩，成土母岩以中下石炭纪白云岩及石灰岩为主。基岩裸露率在 70%甚至 80%以上，属于裸露型喀斯特峰丛地貌类型（冉景丞等，2002）。

2.1.3 气候特征

该区属中亚热带季风性湿润气候。年平均气温 18.6℃，极端最高气温 39.4℃，极端最低气温–6.7℃，年平均降水量 1 752 mm，年平均蒸发量 1 343.6 mm；降水集中分布在 4—10 月，夏季半年（4—9 月）的降水量占全年总降水量的 81%。年平均相对湿度 83%，年日照时数 1 272.8 h，日照百分率 29%（周政贤等，1987；朱守谦等，1997）。

2.1.4 生境特征

喀斯特地表基岩出露面积较大，且起伏多变，微地貌十分复杂，具有与常态地貌上明显不同的形态特征和分布特征，形成了以土面、石缝、石沟等为主的多种小生境（图 2-2～图 2-4），这些小生境类型及其组合构成了喀斯特生境的多样性（周游游等，2003）。本研究区喀斯特小生境发育充分，有以露出的整体基岩为主体构成的石面，有以岩石裂隙为主体构成的石缝，有以岩石溶蚀沟为主体构成的石沟，有以岩石溶蚀凹地为主体构成的石坑/石槽（四周封闭的洼地），有溶蚀作用形成的开口近圆形或椭圆形的石洞（管状通道）和土体覆盖尚算均匀的土面。

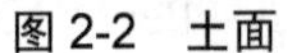

图 2-2　土面

图 2-3　石缝

图 2-4　石沟

2.1.5　土壤特征

土层浅薄且不连续；岩石渗漏性强；土体持水量较低；地表水缺乏；临时研究区土壤以黑色石灰土为主；其成土母质是纯度较高的石灰岩和白云岩。季节性干旱频繁；土壤富钙和富盐基化。土壤参数如下：pH 为 7.5～8.0，有机质含量为 75.5～380 g/kg，全氮含量 6.06 g/kg（周政贤等，1987；王世杰等，2007）。

2.1.6　植被特征

茂兰喀斯特森林是在中亚热带气候条件下，在喀斯特地区特殊生境上形成的非地带性植被，是一种稳定的特殊森林生态系统，其顶级群落为常绿落叶阔叶混交林，生态系统的组成和结构复杂，生态系统的物种多样性和结构多样性较高。

受喀斯特生境的影响和制约，喀斯特森林植被具有石生性、钙生性、旱生性的特征（周运超等，2001）。有资料显示，茂兰喀斯特森林至少有种子植物 143 科，488 属，1 142 种（含变种）；蕨类植物 11 科，19 属，31 种（朱守谦，1993）。常见的物种有：圆果化香（*Platycarya longipes* Wu）、云贵鹅耳枥（*Carpinus pubescens* Burkill）、朴树［*Celtis tetrandra subsp. sinensis*（Pers）Y.C.Tang］、黄连木（*Pistacia chinensis* Bunge）、掌叶木［*Handeliodendron bodinieri*（Lévl.）Rehd］、圆叶乌桕（*Sapium rotundifolium* Hemsl）、青冈栎［*Cyclobalanopsis glauca*（Thunb.）Oerst］、山矾（*Symplocos sumuntia* Buch-Han. ex D.Don）、丝栗栲（*Castanopsis fargesii* Franch）、香叶树（*Lindera communis* Hemsl）、荚蒾（*Viburnum dilotatum* Thunb）、齿叶黄皮（*Clausena dunniana* Lévl）、枫香（*Liquidambar formosana* Hance）、湖北十大功劳（*Mahonia confusa* Sprague）、贵州悬竹（*Ampelocalamus calcareus* C.D. Chu et C.S.Chao）、方竹［*Chimonobambusa quadrangularis*（Fenzi.）Makino］、南天竹（*Nandina domestica* Thunb）、小果蔷薇（*Rosa cymosa* Tratt）、五节芒［*Miscanthus floridulus*（Labill.）Warb］、冷水花（*Pilea notata* C.H.Wright）、茅叶荩草［*Arthraxon prionodes*（Steud.）Dandy］、毛轴蕨［*Pteridium revolutum*（Bl.）Nakai］等（朱守谦，1993；冉景丞等，2002）。区内多数地段是中亚热带原生性喀斯特森林，也有不同退化程度的演替群落，且各退化程度下植被群落相对完整，有利于开展同一地区不同植被类型的对比研究工作。

2.2 样地设置与调查

2.2.1 样地的设置

试验样地设在贵州省茂兰国家级自然保护区，永康水族乡尧古村拉桥小流域

（25°18′00″～25°18′50″N，107°56′10″～107°58′10″E）（图 2-5）。根据喀斯特植被演替的主要特征，采取以空间代替时间的方法，分别选择灌丛草坡、灌木林、次生乔灌林和原生乔木林这 4 种具有代表性的不同植被演替类型，每种植被类型按随机加局部控制的原则（兼顾密度、坡向和坡位）选择 3 个典型样地，每个样地大小为 20 m×30 m。同时在荔波县城北部非喀斯特碎屑岩乔木林（107°53′26″E，25°28′46″N）选择一个非喀斯特植被类型大小为 20 m×30 m 的 3 个样地作为对照。采用常规群落学调查方法分别对各植物群落以小生境为单位进行调查统计，注重反映环境影响的群落学指标的细化。不同群落演替阶段植被特征见表 2-1。

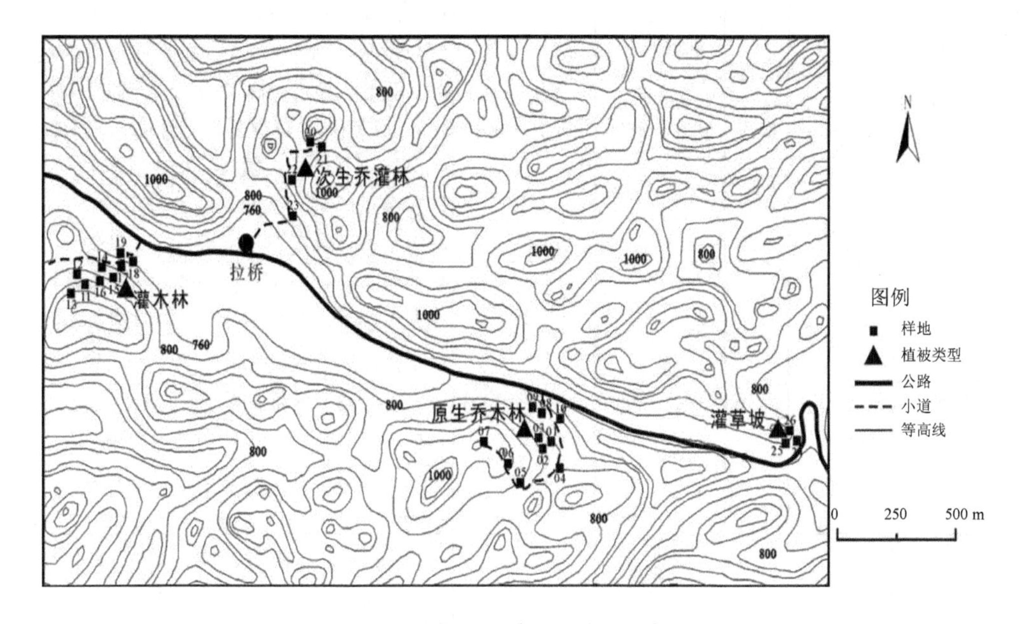

图 2-5　茂兰拉桥试验样地示意图

表 2-1 不同群落演替阶段的植被特征

植被类型	坡度	坡向	基岩裸露率	植被覆盖率	植被特征
原生乔木林	30°～40°	ENE	60%～90%	90%～100%	层次结构比较完整，乔木层、灌木层、草本层之间植物的分化清晰，以乔木层为主，高 10～20 m，乔木层覆盖率达 80%以上；灌木层高 3～8 m，盖度 5%～10%；优势种主要有圆果化香、短萼海桐、小果润楠、青檀、光叶海桐、裂果卫茅、丝栗栲、十大功劳、天仙果等；地表层有地衣苔藓着生。此外，林下覆盖有 3～5 cm 枯枝落叶层
次生乔灌混合林	30°～40°	WSW	50%～80%	90%～100%	林分层次结构分化明显，乔木层、灌木层比较发达，高 5～12 m，乔木层覆盖率达 80%以上；灌木层高 2～3 m，盖度 10%左右；优势种主要有云贵鹅耳枥、青冈栎、丝栗栲、马尾松、皱叶海桐、香叶树等；还有少量藤刺、蕨类、地衣苔藓等分布。林下枯枝落叶层厚 1～2 cm
灌木林	20°～30°	NNE	70%～80%	80%～100%	林分垂直结构简单，有少量乔木，主要以灌木层为主，高 2.5～3 m，覆盖率达 80%以上，郁闭度大；优势种为：南天竹、化香、香叶树、虎刺、柔毛绣球花、荔波鹅耳枥、长叶榨木、齿叶黄皮、多脉青冈、小果蔷薇等。林下覆盖的枯枝落叶层 1～2 cm
灌丛草坡	30°～40°	NNW	50%～70%	90%～100%	主要以草本植物占优势，灌木层高约 1.5 m，盖度小于 10%；草本层高在 0.5～1 m，覆盖率达 90%以上，优势种主要有黄茅、毛叶荩草、毛轴蕨、铁芒萁、五节芒等。地表覆盖的凋落物相对较少
非喀斯特	30°～40°	NNE	0	90%～100%	以乔木林为主，高 10～20 m，优势种为木荷、多脉青冈、甜槠栲、柃木等地表有少量蕨类植物。枯枝落叶厚度 3～5 cm

2.2.2　各样地小生境类型的调查和划分

喀斯特地貌具有丰富多样的小生境，小生境的分化与地表微形态或微地貌的变化密切相关。本书参考朱守谦对小生境的分类和界定方法，在每种森林演替植被类型的各个样地分别划分出土面、石沟、石缝、石面 4 种小生境（朱守谦等，1993；朱守谦等，2003；刘方等，2008）。灌丛草坡小生境不发育，故未进行调查，根据野外实测数据，绘制了各类型小生境的斑块结构示意图，如图 2-6 所示。本书中的小生境划分标准见图 2-6。

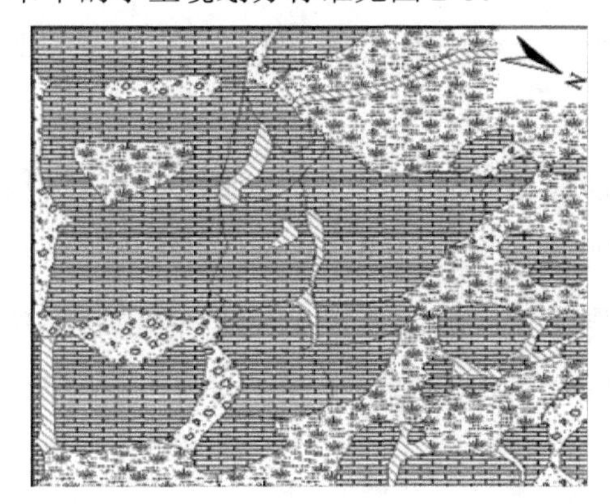

原生林（Primary Forest）

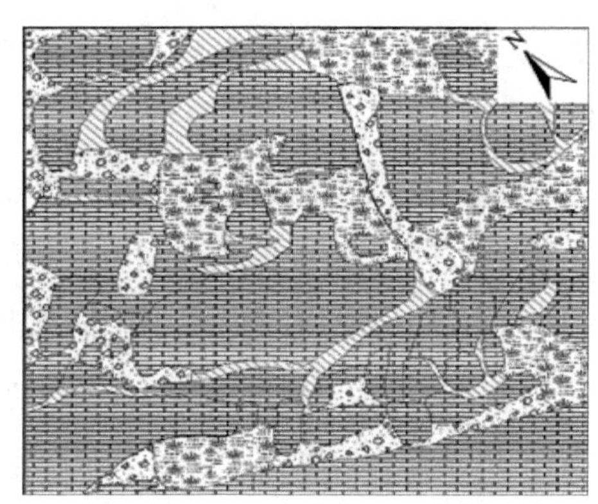

次生林（Secondary Forest）

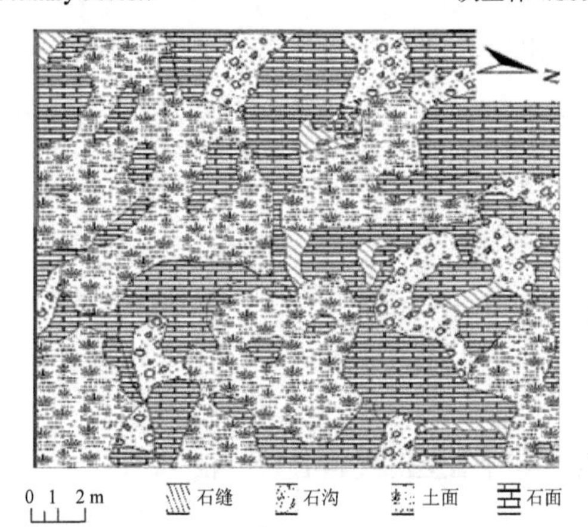

灌木林（Shrub Forest）

图 2-6　各样地小生境斑块结构示意图

（1）土面为面积相对较大的小型台地状小生境，一般长宽均大于 2 m，以连续的土层为主体，土壤呈多边状分布在出露的岩石中间，土层较厚，一般为 20～80 cm，岩体被土层覆盖，单体面积 5～20 m^2，总比例 20%～30%。生境内乔木层、灌木层比较发达，树高 5～10 m，有草本植被。枯落物厚度一般为 3～6 cm，半分解物较多。

（2）石沟深宽比通常等于 1，开口较宽，横断面多为 U 形，土壤多呈浅沟状、槽状分布在出露基岩形成的斜面凹地中，土层厚度一般为 20～50 cm，岩体下降深度 30～60 cm，单体面积 3～5 m^2，总比例 15%～30%。生境内乔木层、灌木层较发达，树高 2～8 m，有草本植物和蕨类。枯落物多，厚度一般为 5～8 cm，半分解物多。

（3）石缝深宽比通常大于 2，开口较窄，横断面多为 V 形，土壤多呈深沟状分布在出露岩层形成的大裂隙中，土层厚度一般为 20～50 cm，岩体出露高度 100～200 cm，单体面积 1～3 m^2，总比例 5%～15%。生境内有较多蕨类，株高 20～50 cm，乔木层较发达，有灌木，树高 2～5 m。枯落物较多，厚度一般为 3～5 cm，半分解物较多。

（4）石面以连续的岩石为主体，几乎无土壤，土层呈浅沟状零星分布在岩石表面的小缝隙中，岩体出露高度 50～300 cm，单体面积 10～30 m^2，总比例 10%～30%。石面缝隙有较多苔藓和少量蕨类植物，株高 5～20 cm。枯落物极少，厚度一般为 1 cm 左右。

2.3 样品采集

2.3.1 不同植被类型下的土壤样品采集

喀斯特地区的土壤分布不同于非喀斯特地区。喀斯特地区土壤分布不连续，土层浅薄，生境破碎，土壤常以土面、石沟、石缝、石坑、石洞等小生境的形式分布。在喀斯特地区土壤样品的采集方法有别于非喀斯特地区。通常采用权重采样法（王世杰等，2007b）。即首先对设置样地划分小生境类型，由面积权重确定组成样地土壤代表样的各类小生境土壤样品量，在样地小生境类型数量较多的情况下，只考虑面积之和超过样地总土壤面积 95%以上的几类小生境。各类小生境土壤样品分别由以面积权重确定的同类小生境样品量混合构成，单个小生境土样则由多点混合样组成，一般每个小生境土样为 3～5 点表层土（0～15 cm）的混合样，不足 15 cm 的将土壤厚度作为采样深度。土样采集前，先除去凋落物覆盖层，尤其注意刨除与土表有所接触的半分解的枯落物层。样品过 2 mm 筛以保证充分混合均匀，然后迅速装入保温冷藏箱带回实验室，将样品分为两份，分别于 4℃和–20℃冰箱保存备用。

2.3.2　不同小生境的土壤样品采集

小生境土壤样品采集按照王世杰的方法进行（王世杰等，2007）。首先对每个样地进行小生境类型的调查和划分，对每一个小生境进行多点取样，根据面积大小确定每个小生境的取样量，最后把同类小生境的土壤组成混合样，这个混合样就是此类小生境的代表样。各样地小生境土壤样品均按照以上方法进行采集，采样时用消毒铲剥去表层杂物，挖取 0～15 cm 土壤，其中石面无土壤因此不作为采样对象。样品过 2 mm 筛以保证充分混合均匀，分两份分别于 4℃和–20℃冰箱保存备用。

2.4　研究方法

2.4.1　PCR-DGGE 分析土壤微生物遗传多样性

变性梯度凝胶电泳（Denaturing Gradient Gel Electrophoresis，DGGE）最早是由 Fisher 和 Lerman 于 1979 年发明并用于检测 DNA 突变的技术，1993 年 Muyzer

首次将该技术用于微生物生态学的研究，并证实了这种技术在研究自然界微生物群落的遗传多样性和种群差异方面具有明显的优越性。

2.4.1.1 PCR-DGGE 原理介绍

由于微生物体内 16S 或 18S 核糖体 RNA 的基因编码区含有一定的保守序列和非保守序列，保守序列可应用于 PCR（Polymerase Chain Reaction）引物的设计，非保守序列则可应用于不同种类微生物间的比较鉴定。实验首先提取土壤样品的 DNA，用根据实验目的设计的引物进行 PCR 扩增，PCR 产物用 DGGE 方法分析，借此评估微生物遗传物质多样性。

当双链 DNA 分子在含梯度变性剂（尿素、甲酰胺）聚丙烯酰胺凝胶中进行电泳时，因其解链的速度和程度与其序列密切相关，所以当某一双链 DNA 序列迁移到变性凝胶的一定位置，并达到其解链温度时，会开始部分解链，部分解链的 DNA 分子的迁移速度随解链程度增大而减小，从而使具有不同序列的 DNA 片段滞留于凝胶的不同位置，结束电泳时，形成相互分开的带谱。理论上认为，只要选择的电泳条件如变性剂梯度、电泳时间、电压等足够精细，有一个碱基差异的 DNA 片段都可被分开。由于各类微生物的 16S rDNA（细菌和古细菌）或 18S rDNA（真菌）基因序列中可变区的碱基顺序相差较大，所以土壤微生物中不同微生物的 16S rDNA 或 18S rDNA 的 V3 区的扩增 DNA 片段在 DGGE 中能够得到分离。根据电泳条带的多寡和条带的位置、强度可以初步辨别出样品中微生物的种类和数量，分析土壤样品中微生物的多样性。

除了上述操作之外，也可将目的条带切下，重新扩增后测序，进而得到部分系统发育信息。具体操作简单介绍如下：选择 DGGE 胶上的特殊谱带，用锋利的小刀割下，经 TE 缓冲液处理后，进行 PCR 扩增；PCR 扩增产物纯化后，连接到已选择的载体上，然后转化感受态细胞（通常为大肠杆菌细胞）；筛选阳性克隆，提取质粒，用限制性内切酶进行酶切，以确认转入载体中的片段，进行验证；将验证好的阳性克隆测序，将序列结果在 NCBI 数据库内进行比对，应用相关软件做数据的系统发育进化树分析。

用 DGGE 进行微生物生态研究时，为了使 PCR 过程中扩增出的微生物的 16S rDNA 或 18S rDNA 片段在 DGGE 分析中能够被完全分离，在 PCR 扩增目的片段时，会在某一引物的 5′端人为掺入一段约 40 个碱基的 GC 序列，称之为“GC 帽”，用以调节目的序列的解链行为。GC 发卡结构（GC 帽）是一个富含 GC 碱基的序列，由于 GC 含量高，所以自身可配对成为一种特殊的稳定结构，在一般情况下 GC 结构难以被拆分。将 GC 发卡结构连接于 DNA 双链分子的一端，使得该 DNA 难以完全解链成为两条单链 DNA。在用 PCR-DGGE 对土壤微生物多样性研究中，在正向引物的 5′端加 GC 发卡结构后，会使扩增出的 PCR 产物在含有变性剂的电泳胶中难以完全解链而保持部分解链状态，最后，这些 PCR 产物在 DGGE 中能被完全分离。而无发卡结构的 PCR 产物会在含有变性剂的电泳胶的某个梯度以上完全解链成为两条单链，而单链 DNA 在 DGGE 中的电泳行为取决于 DNA 分子的大小，与 DNA 的碱基顺序无关，因此，所有长度相同的此类 PCR 产物会在 DGGE 中解链成长度相同的单链 DNA，它们具有相似的电泳行为，在 DGGE 中不能被完全分开。

2.4.1.2 PCR-DGGE 技术流程

图 2-7 清晰地勾勒了利用 PCR-DGGE 技术进行微生物多样性研究时的技术流程，分为提取样品 DNA、基因扩增、DGGE 分离、条带回收测序等基本步骤。

2.4.2 Biolog 碳素利用法分析土壤微生物功能多样性

2.4.2.1 Biolog 方法的原理与特点

Biolog 微平板分析方法是由美国 Biolog 公司于 1989 年发展起来的，最初应用于纯种微生物鉴定。1991 年 Garland 和 Mills 开始将这种方法应用于土壤微生物生态学研究，该项工作引起了微生物生态学家的广泛关注。Biolog ECO 微平板是有三个重复的 96 孔反应微平板，除三个对照孔 A1、A5、A9 中装有四氮叠茂和一些营养物质外，其余的孔均装有不同的单一碳底物。土壤微生物在 Biolog ECO 微平板反应中，其新陈代谢过程中产生的脱氢酶能降解四氮叠茂，并使四氮叠茂变成紫色，根据反应孔中颜色变化的吸光值可以指示微生物对 31 种不同碳源的利用方式差别，从而判定微生物群落代谢功能的差异。

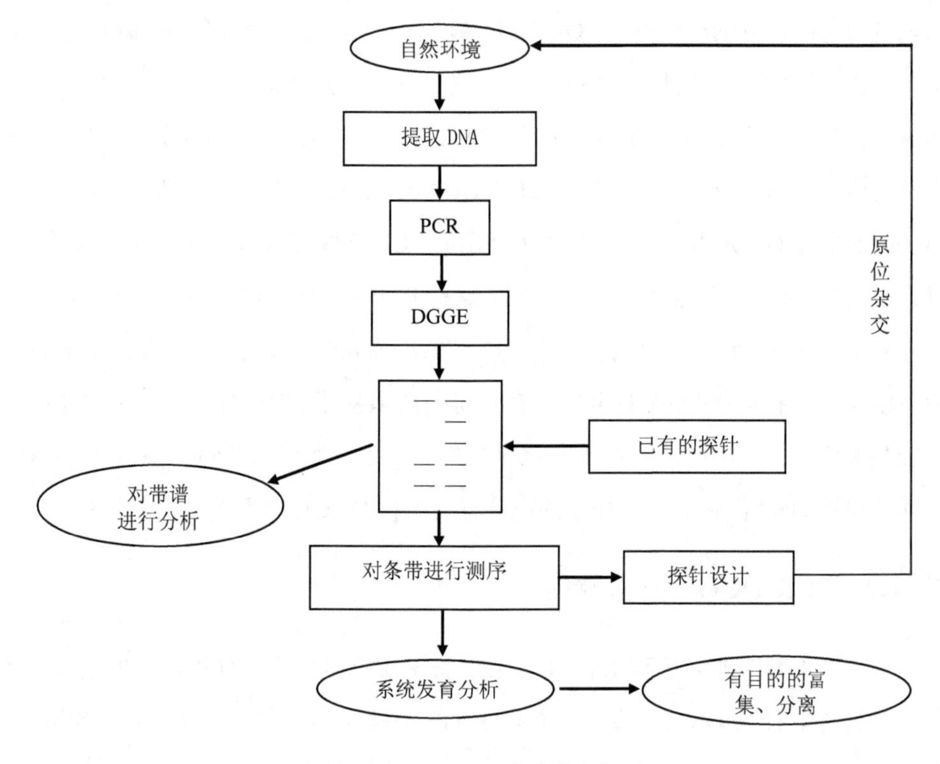

图 2-7 PCR-DGGE 技术流程图

图 2-8 是 Biolog 微生物分析系统及原理示意图。Biolog 方法用于环境微生物群落研究，具有以下特点：①灵敏度高，分辨力强。对多种 SCSU 的测定可以得到被测微生物群落的代谢特征指纹，分辨微生物群落的微小变化。②无须分离培养纯种微生物，可最大限度地保留微生物群落原有的代谢特征。③测定简便，数据的读取与记录可以由计算机辅助完成。微生物对不同碳源代谢能力的测定在一块微平板上一次完成，效率大大提高。

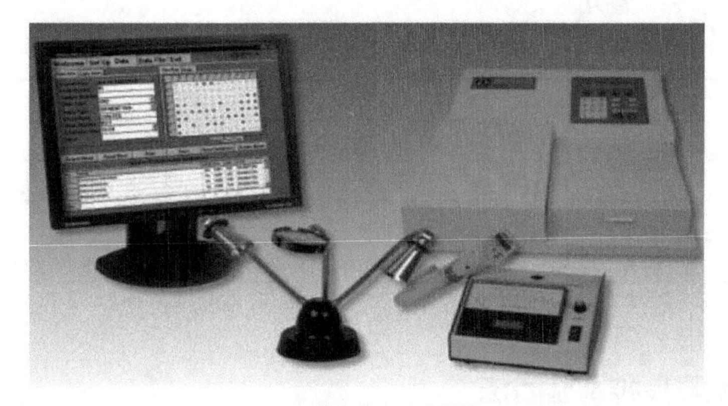

Biolog 微生物自动分析仪

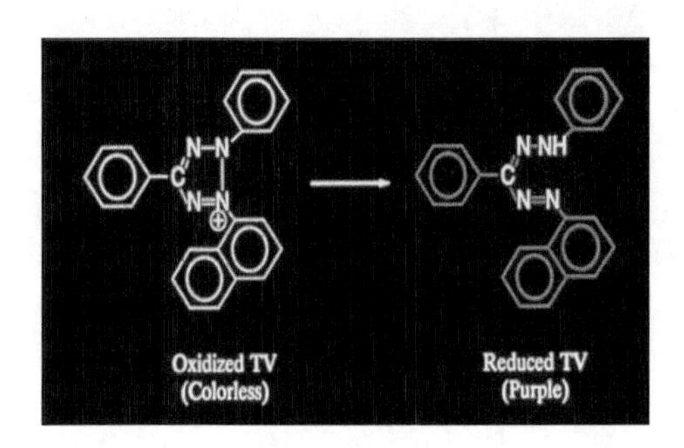

原理示意图

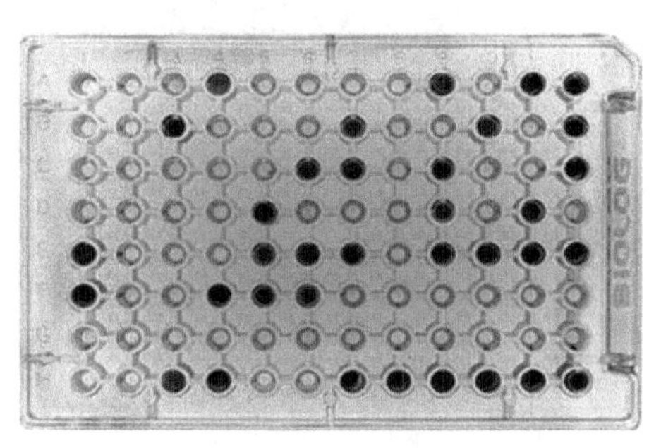

微平板

图 2-8　Biolog 自动微生物分析系统及原理示意图

2.4.2.2　Biolog 系统的组成与说明

Biolog 系统的组成与说明见表 2-2。

表 2-2　Biolog 系统的组成与说明

系统组成	说明
Biolog 微平板	共 96 孔，孔中含有营养盐和四唑盐染料；其中 1 孔不含碳源，为对照孔，其他 95 孔含有不同单一碳源
读数器	测定一定波长下每个小孔内的吸光度及变化
微机系统	与读数器相连，自动完成数据采集、传输存储与分析

表 2-3 Biolog 操作方法与流程

序号	步骤	说明
1	平板选择	根据研究目的选择不同的平板种类
2	样品制备	将微生物从环境介质中提取出来，控制到适宜浓度（浊度表示）
3	加样	取一定体积菌液，平行加入各孔
4	培育与读数	恒温培育，用微平板读数器记录各孔吸光度值变化

2.4.3 温室接种实验方法

该部分实验方法和参数详见第 6 章。

第3章

喀斯特地区不同生态演替微生物多样性阶段下的土壤

3.1　不同生态演替阶段下的土壤细菌遗传多样性

在土壤中，微生物不仅分布广、数量大、种类多，而且能参与十分复杂的生物化学过程，是土壤生物中最活跃的部分，对土壤演化过程、性质变化、土壤肥力和生物质的生产有深刻的影响，特别是在有机物质和氮、磷、硫等植物养分元素的转化与循环过程中发挥关键作用（周群英等，1998；Doran et al.，2000）。同时，土壤微生物对环境变化敏感，它们与生态系统的进化具有协同性，因此能够指示生态系统功能的变化，其群落组成对维持生态系统平衡具有重要意义（王书锦等，2002）。一般来说，在土壤中细菌数量最多，占土壤微生物总数的 70%～90%，而且细菌个体小、代谢强、繁殖快，与土壤接触的表面积大，是土壤中最活跃的因素，也是低分子等较易分解有机物质的分解者，对营养物质的竞争力强，对环境变化的应激性也强（陈怀满，2005；黄昌勇，2000）。因此，细菌群落结构和多样性一直是微生物生态学和环境学科研究的重点和热点。

我国西南喀斯特地区是世界上连片碳酸盐岩裸露面积最大的地区之一，面积可达 5.5×10^5 km^2，强烈的人为活动使该区生态环境受到严重的破坏，石漠化现象严重，并有进一步恶化的趋势（中国科学院学部，2003）。近些年，国家和地方政府相继实施了喀斯特生态系统保护、恢复和重建的重要基础工程和示范研究项目，旨在通过植被恢复达到控制石漠化发展，促进退化喀斯特生态系统恢复的目的。岩溶作用本质上是土壤为媒介的生物地球化学过程，而在这一过程中，土壤微生物起到了关键性作用（潘根兴等，1999）。随着研究的不断深入，越来越多的学者将土壤因素作为岩溶生态系统退化和石漠化发展的主要因素予以考虑，同时将土壤微生物等活性指标作为划分土地退化和石漠化程度的主要依据（朴和春等，2001；任京辰等，2006）。目前，关于喀斯特地区土壤微生物多样性的研究多基于传统的培养技术，这种方法步骤烦琐、工作量大，而且仅凭这些特征难以正确区别和鉴定生理生化特性相似的菌株，并且在生态环境中容易遗漏不可培养的细菌。

本书以现代分子生物学技术为基础，研究了贵州茂兰保护区内不同植被演替阶段的土壤微生物细菌多样性，意在弥补传统方法的不足，更可靠、更全面地表征喀斯特地区土壤微生物的菌落指纹和特征性核苷酸序列，以求能更准确地揭示喀斯特土壤生态系统细菌资源。同时分析其对于生态演替的指示意义，为认识岩溶生态系统演化与石漠化的土壤学机理，表征退化岩溶生态系统的恢复和重建的效应，为探索有效而可持续的恢复和重建途径提供科学依据。

3.1.1 材料与方法

3.1.1.1 研究地概况

详见第 2.1 节。

3.1.1.2 样地选择和样品采集

详见第 2.2 节、第 2.3 节。样品过 2 mm 筛以保证充分混合均匀，于–20℃冰箱保存用于 DNA 提取。

3.1.1.3 实验方法

（1）提取土壤总 DNA

采用 Power Soil^{TM} DNA Isolation Kit（MO BIO）的试剂盒提取土壤总 DNA。此方法能够保证提取的土壤 DNA 数量多、杂质少，是一种比较理想的土壤 DNA 提取方法。具体操作完全按照试剂盒提供的步骤进行。

（2）降落式 PCR 扩增 16S rDNA 目的片段

以提取的土壤总 DNA 为模板，对 16S rDNA 的 V3 区进行基因扩增。

细菌引物 F338-GC：（CgCCCgCCgCgCgCggCgggCggggCgggggCACgggggg CCTACgggAggCAgCAg），R518：（ATTACCgCggCTgCTgg）。所用引物均由上海生工生物工程技术服务公司合成。反应体系：25 μL，其中模板 1 μL，Master mix （promega，M712B）12.5 μL，引物各 1 μL，ddH_2O 9.5 μL。

PCR 反应条件：细菌 PCR 反应采用降落 PCR 策略（Muyzer et al.，1993）。即预变性条件为 94℃ 5 min，前 20 个循环为 94℃ 1 min，65～55℃ 1 min 和 72℃ 3 min（其中每个循环退火温度下降 0.5℃）。后 10 个循环分别为 94℃ 1 min、55℃ 1 min 以及 72℃ 3 min，最后在 72℃下延伸 7 min。

PCR 反应的产物均用 1.5%琼脂糖凝胶电泳检测，于–20℃冰箱内保存，24 h 内用变性梯度凝胶电泳分析完毕。

（3）变性梯度凝胶电泳（DGGE）分析遗传多样性

梯度变性凝胶的制备使用 Bio-Rad 公司 475 型梯度灌胶系统（Model 475 Gradient Delivery System）。变性梯度从上到下是 30%到 60%，聚丙烯酰胺凝胶浓度是 8%；缓冲液为 1×TAE，60℃电泳，先在 200 V 的电压下电泳 10 min，后在 75 V 电压下约 10 h。电泳完毕后，将凝胶采用银染法染色（Bassam et al.，1991）。将染色后的凝胶用 Bio-RAD 的 Gel Doc-2000 凝胶影像分析系统分析，观察每个样品的电泳条带并拍照。

（4）数据处理

用 Bio-Rad QUANTITY ONE 4.4.0 软件对 DGGE 图谱进行分析，建立各样品细菌群落结构相似性的系统发育树图谱，该图谱是由系统依据戴斯系数 C_s（Dice coefficient）按照 UPGMA 算法绘出，

$$C_s=2j/(a+b) \tag{3-1}$$

式中，j——样品 A 和 B 共有的条带；

a 和 b——分别是样品 A 和 B 中各自的条带数。

计算多样性指数（H）、丰度（S）和均匀度指数（E_H）等指标（Luo et al.，2004）。

$$H=\sum_{i=1}^{s}P_i\ln P_i \tag{3-2}$$

$$E_H=H/H_{\max}=H/\ln S \tag{3-3}$$

式中，H——Shannon 指数；

S——DGGE 胶中每个样品中条带的数量；

P_i——第 i 条带灰度占该样品总灰度的比率；

E_H——均匀度指数。

3.1.2 结果与分析

3.1.2.1 样品 DNA 的提取和 PCR 效果

用琼脂糖凝胶检测 DNA 提取效果，条带清晰明亮，提取效果良好，证明本书中所采用的 DNA 提取方法可以很好地提取出目的样品中的总 DNA。图 3-1 是用引物 F338-GC 和 R518 进行 PCR 扩增后的效果图。由图可知，PCR 成功扩增出了目的片段，大小 250 bp，且清晰明亮，为下一步进行 DGGE 分析奠定了良好的基础。

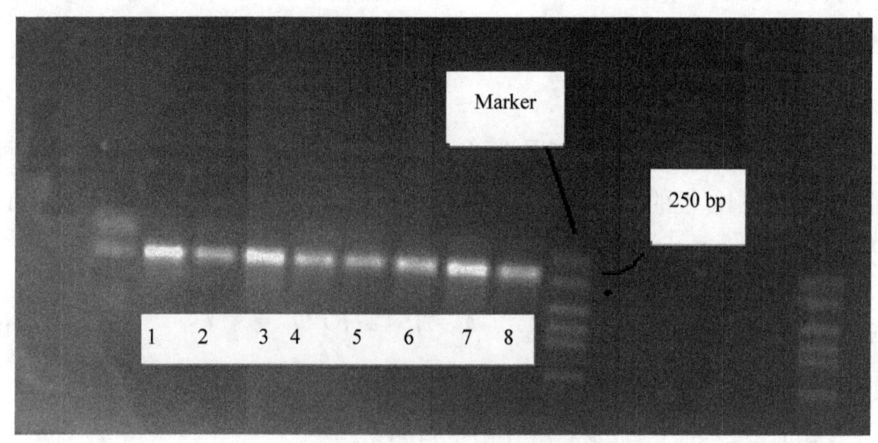

图 3-1 PCR 效果图

3.1.2.2 DGGE 图谱分析

由图 3-2 进行直观分析，喀斯特各植被演替序列都有着较丰富的电泳条带，说明喀斯特细菌类型很丰富，具有较高的细菌多样性。1～12 泳道间不仅有明显的共有条带，而且都有各自的一些特殊条带，充分显示了喀斯特地区细菌的多样性。泳道 13 为非喀斯特样地的细菌图谱，由图 3-2 可以明显看出非喀斯特森林样地的条带数量很少，说明细菌种类和多样性要少。总体而言，喀斯特地区含有丰富的细菌多样性，而且明显高于非喀斯特对照样地的细菌多样性。

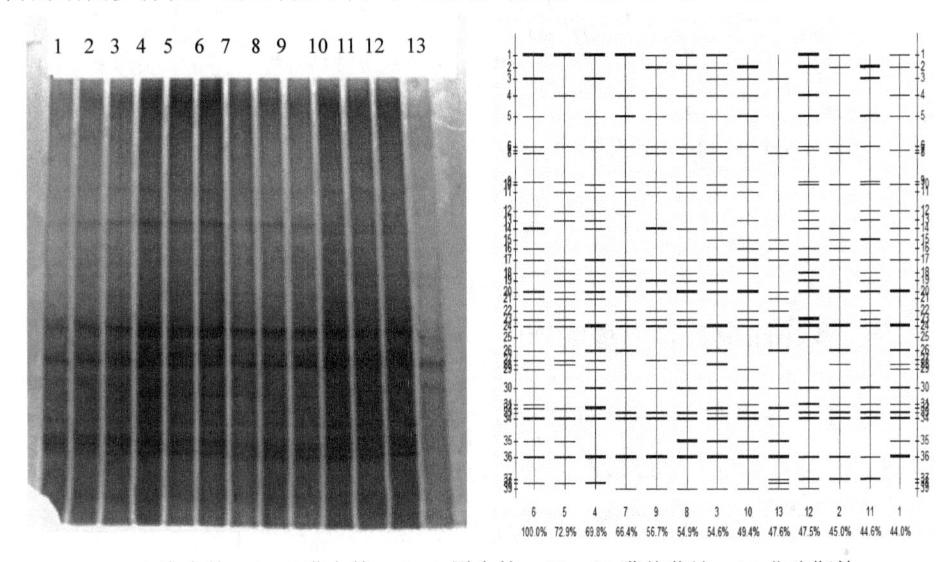

1～3 次生林；4～6 灌木林；7～9 原生林；10～12 灌丛草坡；13 非喀斯特

图 3-2　不同样品的细菌 DGGE 图谱及泳道

3.1.2.3　不同演替阶段下的细菌群落相似性分析

图 3-3 是各样地的细菌群落结构相似性图谱。由图 3-3 分析，原生林和灌木林的细菌群落结构较为相似，聚为一类，相似性指数为 0.60。其次，灌丛草坡的细菌群落结构与以上两个样地聚为一类，相似性指数为 0.52；次生林和非喀斯特的细菌群落结构具有较高的相似性，相似性指数为 0.57。由相似性指数可以看出，各样地间的群落结构相似性都不高，最高也仅为 0.6，这说明随着植被演替，细菌的群落结构发生了明显的变化。非喀斯特地区则表现出相对更加独立的细菌群落结构。

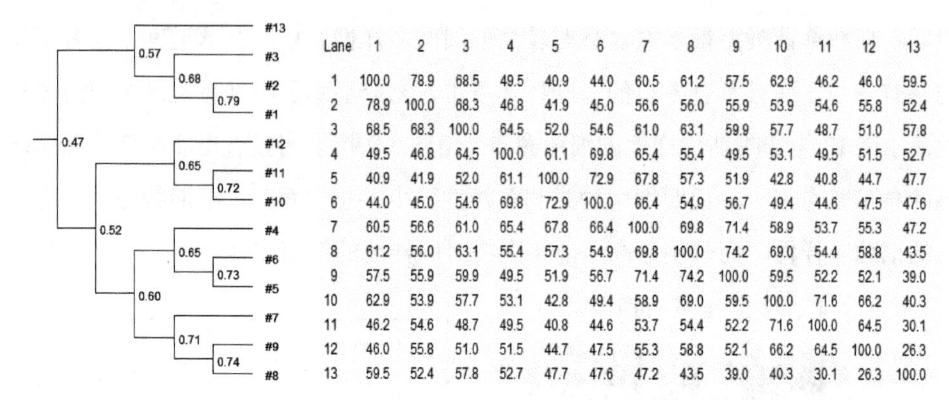

Lane	1	2	3	4	5	6	7	8	9	10	11	12	13
1	100.0	78.9	68.5	49.5	40.9	44.0	60.5	61.2	57.5	62.9	46.2	46.0	59.5
2	78.9	100.0	68.3	46.8	41.9	45.0	56.6	56.0	55.9	53.9	54.6	55.8	52.4
3	68.5	68.3	100.0	64.5	52.0	54.6	61.0	63.1	59.9	57.7	48.7	51.0	57.8
4	49.5	46.8	64.5	100.0	61.1	69.8	65.4	55.4	49.5	53.1	49.5	51.5	52.7
5	40.9	41.9	52.0	61.1	100.0	72.9	67.8	57.3	51.9	42.8	40.8	44.7	47.7
6	44.0	45.0	54.6	69.8	72.9	100.0	66.4	54.9	56.7	49.4	44.6	47.5	47.6
7	60.5	56.6	61.0	65.4	67.8	66.4	100.0	69.8	71.4	58.9	53.7	55.3	47.2
8	61.2	56.0	63.1	55.4	57.3	54.9	69.8	100.0	74.2	69.0	54.4	58.8	43.5
9	57.5	55.9	59.9	49.5	51.9	56.7	71.4	74.2	100.0	59.5	52.2	52.1	39.0
10	62.9	53.9	57.7	53.1	42.8	49.4	58.9	69.0	59.5	100.0	71.6	66.2	40.3
11	46.2	54.6	48.7	49.5	40.8	44.6	53.7	54.4	52.2	71.6	100.0	64.5	30.1
12	46.0	55.8	51.0	51.5	44.7	47.5	55.3	58.8	52.1	66.2	64.5	100.0	26.3
13	59.5	52.4	57.8	52.7	47.7	47.6	47.2	43.5	39.0	40.3	30.1	26.3	100.0

1～3 次生林；4～6 灌木林；7～9 原生林；10～12 灌丛草坡；13 非喀斯特

图 3-3 DGGE UPGMA 分析

3.1.2.4 多样性指数和丰富度分析

表 3-1 是各样地的细菌多样性指数、丰度和均匀度的列表。由表 3-1 分析，灌木林的多样性指数和丰度最高，分别为 3.18 和 25；其次为灌丛草坡，分别为 3.14 和 24；原生林的多样性指数和丰度为 2.97 和 21；次生林为 2.91 和 22；喀斯特各演替阶段的多样性指数和丰度的大小关系表现为灌木林＞灌丛草坡＞原生林＞次生林。非喀斯特样地的多样性指数和丰度只有 2.68 和 18，明显低于喀斯特各样地。均匀度指数方面，除了次生林较低以外，其他 3 个喀斯特样地的细菌群落均匀度均较高。非喀斯特样地的均匀度最低，只有 0.93。

表 3-1 不同样品的细菌多样性指数、丰度及均匀度

样品	Shannon 指数	丰度	均匀度
原生林	2.97±0.04a	21	0.98±0.00
次生林	2.91±0.16b	22	0.95±0.03
灌木林	3.18±0.04 c	25	0.99±0.00
灌丛草坡	3.14±0.08 c	24	0.99±0.00
非喀斯特	2.68 d	18	0.93

注：不同字母表示在 p =0.05 水平下差异显著。

3.1.3　讨论

近年来，PCR-DGGE 技术在研究土壤微生物群落特征与生态印记上得到越来越广泛地应用。但这种方法需要根据不同的样品和不同的研究目的进行很多细节的调整，比如 DNA 提取方法、引物的选择、扩增程序和变性剂范围等都会直接影响实验结果。本书通过检验每一个实验步骤结果，证明本书应用的详细的技术参数尤其是在很多细节上适合喀斯特土壤样品研究，这为 PCR-DGGE 之后在喀斯特地区的应用奠定了方法基础。

本书中喀斯特四个不同植被演替阶段的土壤细菌多样性都很高，而且都比非喀斯特对照样地高，这说明喀斯特生态系统应该是具有较高的土壤细菌多样性。喀斯特生态环境复杂多样，其变化是随机性的，生命要想保持其连续性，必须对这种多种多样的、随机变化的环境有积极的应答和适应，喀斯特较高的微生物多样性是与这一地区复杂的生态环境长期相互选择的结果，有利于保持其功能的连续性和全面性。

对不同植被演替阶段的细菌群落结构进行聚类分析，结果发现最高的相似性也只有 0.6，这说明随着植被演替，土壤细菌的群落结构发生了明显变化。俞国松等（2011）的研究发现茂兰不同植被演替阶段在凋落物的量和结构组成方面具有明显差异。随着地上植被类型和种类组成的变化，归还到地表的枯枝落叶的量和成分也不同，进一步导致土壤有机质和营养元素组成的差异，而有机质和营养元素是影响细菌多样性的关键因素（Torsvik and Ovreas，2002）。植物群落的结构和组成的变化会导致植物物种组成的差异，并对分解者产生重大影响。之前的一些研究结果也支持了我们的观点（Spehn et al.，2000；Schlesinger et al.，1997）。

由表 3-1 可知，不同演替阶段细菌多样性指数和丰度的大小比较为灌木林＞灌丛草坡＞原生林＞次生林，可以看出，细菌多样性有随着植被正向演替而减少的趋势，刘玉杰（2011）对同一样品用传统的培养计数法得到了相同的结果。产生这一现象的原因可能是随着生态正向演替的进行，生态系统的组成和结构趋于稳定，土壤细菌群落在跟随整个生态系统演替的过程中也趋于稳定，一些中间过程出现的细菌逐渐被淘汰，何寻阳等（2010）在广西环江的研究得出了相似的结论。任京辰等（2006）强调在分析岩溶土壤和生态系统退化过程的本质以及评价生态恢复的效应时，不仅应将微生物量碳和总养分库指标作为岩溶土壤退化恢复的指标，更应将微生物区系的多样性和功能指标纳入关键评价内容。对于以上这一观点笔者是认同的，但需要指出的是，本书的研究结果表明喀斯特地区土壤微生物细菌多样性与植被演替方向并不是呈对应的，这种关系还需要从更多的研究样例中去探寻。所以，这一评价指标一定要建立在对喀斯特生态阈值以及土壤微生物与环境变化的耦合关系了解清楚的基础上进行。

3.2 不同生态演替阶段下的土壤真菌遗传多样性

土壤真菌作为土壤微生物区系的重要成员，同其他微生物一起参与生态系统中的物质循环和能量流动。真菌在土壤生态系统中发挥着多种多样的功能，包括降解纤维素、半纤维素、木质素、胶质、还原氮、溶解磷、螯合金属离子、产生青霉素等一些抗生素等（张晶等，2004）。真菌将自然环境中的有机物逐步降解与转化，以至于最终形成简单的 CO_2、H_2O、NH_3、SO_4^{2-}、PO_4^{3-}等物质而归还于环境，从而完成自然界生态系统中的物质循环。

真菌多样性在维持生物圈生态平衡和为人类提供大量未开发的生物资源方面起到了重要作用。真菌构成了土壤的大部分微生物生物量，具有分解有机质，为植物提供养分的功能，是生态系统健康的指示物。在森林生态系统中，真菌与植物相互共生，为植物提供养分，使植物能耐受干旱或贫瘠的条件，同时也提高了植物的多样性（Vandenkoornhuyse et al.，2002）。在草地生态系统中，分解者生物量总体中 78%～90%是真菌（Kjoller et al.，1982）。正是由于真菌对森林生态系统循环的重要作用，土壤真菌多样性一直受到广大学者的关注。传统的研究土壤真菌多样性的方法是将其从土壤中分离，实验室培养和鉴定，但培养过程本身就是一个重新选择的过程，只有那些对人工培养条件适合的真菌才能被分离出来，所以得出的结果不能反映真实的群落结构。由于分离和检测技术的限制，真菌多样性的研究受到了严重限制。近年来，分子生物学技术逐渐被运用于土壤微生物生态学的研究，使人们可以避开传统的分离培养过程，通过 DNA 水平上的研究，直接探讨土壤微生物的种群结构和环境的关系。

土壤真菌与环境变化关系密切，与植被类型、小生境、土壤质量等都有显著的对应性（Thornton，1956；Widden，1987），其多样性在评价生态系统功能、维护生态平衡中发挥着重要作用（阮晓东等，2009；刘淑明等，2006）。目前关于喀斯特地区土壤真菌多样性的报道较为少见，利用分子生物方法研究真菌多样性与生态演替的关系的就更为少见。本书意在通过对喀斯特地区植被演替序列下的土壤真菌 18S rDNA 基因进行群落结构和多样性研究，探讨生态演替或植被退化对土壤真菌群落结构和多样性的影响，为喀斯特生态系统保护和石漠化治理提供理论依据。

3.2.1 材料与方法

3.2.1.1 研究地概况

详见第 2.1 节。

3.2.1.2 样地选择和样品采集

详见第 2.2 节、第 2.3 节。样品过 2 mm 筛以保证充分混合均匀，于–20℃冰箱保存用于 DNA 提取。

3.2.1.3 实验方法

（1）提取土壤总 DNA

PCR-DGGE 技术是建立在环境样品的总遗传信息分析的基础上，因此 DNA 提取质量的好坏，直接影响着后续分子实验操作。本试验采用 Mo Bio 试剂盒

（Power·soil^{TM} DNA Kit）提取土壤样品的总 DNA。按照说明书进行操作，将提取纯化后的 DNA 用 1.0%琼脂糖凝胶电泳检测提取的 DNA 质量，检测产物分装后置于–80℃冰箱内保存备用。

（2）PCR 扩增 18S rDNA 目的片段

将纯化后的基因组 DNA 作为聚合酶链反应（PCR）的模板，在 Mastercycler PCR 仪上进行 PCR 扩增。

真菌引物的序列分别为：U1：5′-GTGAAATTGTTGAAAGGGAA-3′，U2-GC：5′-CGCCCGCCGCGCGGCGGGCGGGGCGGGGGCACGGGGGGACTCCTTGGTCCGTGTT-3′。所用引物均由上海生工生物工程技术服务公司合成。

反应体系 25 μL，其中模板 1 μL，Master mix（promega，M712B）12.5 μL，引物各 1μL，ddH$_2$O 9.5 μL。

真菌的 PCR 反应条件：预变性条件为 94℃ 3 min，并在 94℃ 30 s，53℃ 30 s，72℃ 1 min 条件下进行 35 个循环，然后在 72℃条件下延伸 10 min。

PCR 反应的产物均用 1.5%琼脂糖凝胶电泳检测，于–20℃冰箱内保存，24 h 内用变性梯度凝胶电泳分析完毕。

（3）变性梯度凝胶电泳（DGGE）分析遗传多样性

梯度变性凝胶的制备使用 Bio-Rad 公司 475 型梯度灌胶系统（Model 475 Gradient Delivery System），变性梯度从上到下是 30%～70%，聚丙烯酰胺凝胶浓度是 8%，凝胶制成后室温凝固 4 h；缓冲液为 1×TAE，60℃电泳，先在 200 V 的电压下电泳 10 min，后在 100V 电压下约 10 h。电泳完毕后，将凝胶采用银染法染色。将染色后的凝胶用 Bio-Rad 的 Gel Doc-2000 凝胶影像分析系统分析，观察每个样品的电泳条带并拍照。

（4）数据处理

用 Bio-Rad QUANTITY ONE 4.4.0 软件对 DGGE 图谱进行分析，建立各样品真菌群落结构相似性的系统发育树图谱，该图谱是由系统依据戴斯系数 C_s（Dice coefficient）按照 UPGMA 算法绘出，如式（3-1）所示。计算多样性指数（H）、丰度（S）和均匀度指数（E_H）等指标，如式（3-2）、式（3-3）所示。

3.2.2　结果与分析

3.2.2.1　样品 DNA 的提取和 PCR 效果

由于真菌细胞壁结构特殊，含有大量几丁质以及多糖类物质，使得土壤真菌 DNA 的提取比细菌难度更大。同时，不同地域土壤的理化性质有着很大差异，许多土壤基因组 DNA 提取方法能够为土壤的微生物生态研究提供良好基础，但在另外一些土壤中的应用却受到了限制（Zhou et al.，1996；Krsek and Wellington，1999；Miller and Kling，2000；Bürgmann et al.，2001；Martin-Laurent et al.，2001；Roose-Amsaleg et al.，2001；Robe et al.，2003；Bertrand et al.，2005）。喀斯特地区的土壤组分复杂，腐殖质酸含量较高，会严重影响 DNA 的提取质量，所以采取适合的 DNA 提取方法是后续试验的基础和保障。图 3-4 是用 Mo Bio 试剂盒提取的 DNA 进行 PCR 扩增后的效果图，条带清晰明亮，纯度较高，未出现特异性扩增，证明本书采取的方法能够保证提取的土壤 DNA 数量多，杂质少，是一种比较理想的适于喀斯特土壤 DNA 的提取方法。同时证明所采用的扩增引物和程序也是适合喀斯特土壤真菌多样性分析的。

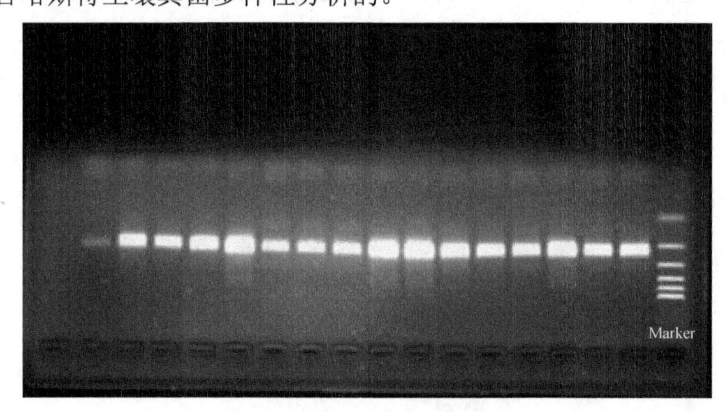

图 3-4　真菌 PCR 效果图

3.2.2.2 DGGE 图谱分析

图 3-5 是各样品的 DGGE 图谱。由图分析，所有条带在图谱中分离的比较清晰，而且充分利用了整个凝胶的长度，没有出现集中扎堆的现象，说明本实验采用的变性梯度非常合适。泳道中条带的多少代表真菌种类的多少，泳道中条带的粗细和明亮程度可反映其种群数量的不同，密度大，则条带比较粗黑；密度小，则条带比较细浅。所以，从图中可对各样品的条带多样性及数量分布程度作直观了解。1～12 为喀斯特样品的土壤真菌群落，各泳道都含有丰富的条带，说明喀斯特地区含有丰富的真菌多样性；各泳道既有相同的条带，又有特异性条带，说明不同演替阶段既存在相似的真菌种群又具有特异的真菌种群；比较明显的是，各演替阶段都有自己的粗黑条带，而且基本上属于差异性条带，说明演替使真菌的优势种群发生了较大变化。13～15 是非喀斯特样地的真菌群落图谱，其条带数量明显少很多，而且优势条带不同于 1～12，说明喀斯特地区的真菌多样性要高于非喀地区，而且优势种群也不一样。

3.2.2.3 植被演替过程中真菌群落相似性分析

图 3-6 是根据戴斯系数计算得出的系统发育树图谱。由图分析，原生林和灌木林的真菌群落结构聚为一类，相似性指数 0.35，然后与次生林聚合，相似性指数在 0.3 以下，灌丛草坡和非喀斯特的真菌群落结构聚为一类，相似性指数 0.32。整体而言，各样地间的真菌群落结构相似性指数都很低，都没有超过 0.4，说明演替使真菌的群落结构发生了显著的变化。

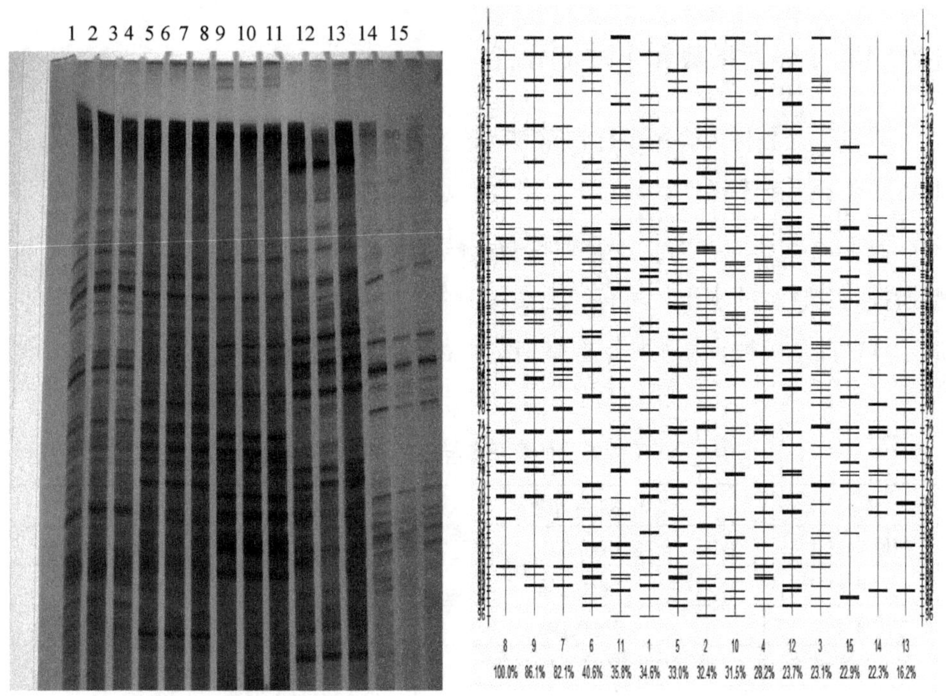

1～3 次生林；4～6 灌木林；7～9 原生林；10～12 灌丛草坡；13 非喀斯特

图 3-5　不同样品的真菌 DGGE 图谱及泳道

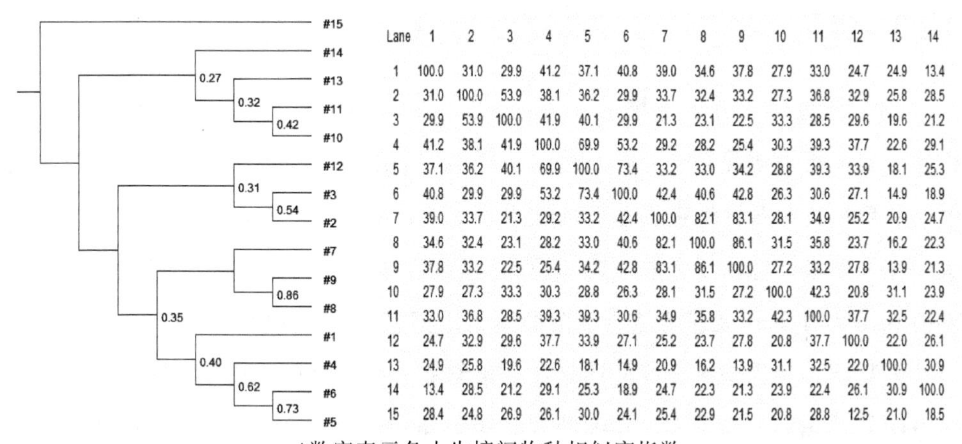

Lane	1	2	3	4	5	6	7	8	9	10	11	12	13	14
1	100.0	31.0	29.9	41.2	37.1	40.8	39.0	34.6	37.8	27.9	33.0	24.7	24.9	13.4
2	31.0	100.0	53.9	38.1	36.2	29.9	33.7	32.4	33.2	27.3	36.8	32.9	25.8	28.5
3	29.9	53.9	100.0	41.9	40.1	29.9	21.3	23.1	22.5	33.3	28.5	29.6	19.6	21.2
4	41.2	38.1	41.9	100.0	69.9	53.2	29.2	28.2	25.4	30.3	39.3	37.7	22.6	29.1
5	37.1	36.2	40.1	69.9	100.0	73.4	33.2	33.0	34.2	28.8	39.3	33.9	18.1	25.3
6	40.8	29.9	29.9	53.2	73.4	100.0	42.4	40.6	42.8	26.3	30.6	27.1	14.9	18.9
7	39.0	33.7	21.3	29.2	33.2	42.4	100.0	82.1	83.1	28.1	34.9	25.2	20.9	24.7
8	34.6	32.4	23.1	28.2	33.0	40.6	82.1	100.0	86.1	31.5	35.8	23.7	16.2	22.3
9	37.8	33.2	22.5	25.4	34.2	42.8	83.1	86.1	100.0	27.2	33.2	27.8	13.9	21.3
10	27.9	27.3	33.3	30.3	28.8	26.3	28.1	31.5	27.2	100.0	42.3	20.8	31.1	23.9
11	33.0	36.8	28.5	39.3	39.3	30.6	34.9	35.8	33.2	42.3	100.0	37.7	32.5	22.4
12	24.7	32.9	29.6	37.7	33.9	27.1	25.2	23.7	27.8	20.8	37.7	100.0	22.0	26.1
13	24.9	25.8	19.6	22.6	18.1	14.9	20.9	16.2	13.9	31.1	32.5	22.0	100.0	30.9
14	13.4	28.5	21.2	29.1	25.3	18.9	24.7	22.3	21.3	23.9	22.4	26.1	30.9	100.0
15	28.4	24.8	26.9	26.1	30.0	24.1	25.4	22.9	21.5	20.8	28.8	12.5	21.0	18.5

*数字表示各小生境间物种相似度指数

1～3 次生林；4～6 灌木林；7～9 原生林；10～12 灌丛草坡；13～15 非喀斯特

图 3-6　DGGE UPGMA 分析

3.2.2.4 多样性指数和丰富度分析

表 3-2 是各样地真菌多样性指数、丰度和均匀度的数据。由表 3-2 分析，喀斯特样地中真菌多样性指数和丰度最高的是次生林，为 3.78 和 45，最低的是原生林，为 3.56 和 35。此外，非喀斯特的多样性指数的丰度为 3.08 和 22，显著小于喀斯特四个样地的水平。所有样地真菌多样性指数和丰度的大小顺序为次生林＞灌木林＞灌丛草坡＞原生林＞非喀斯特。各样地的均匀度指数无差异。

表 3-2 不同样品的真菌多样性指数、丰度及均匀度

样品	Shannon 指数	丰度	均匀度
原生林	3.56±0.02b	35b	1.00±0.00a
次生林	3.78±0.25a	45a	1.00±0.00a
灌木林	3.73±0.10a	42a	1.00±0.00a
灌丛草坡	3.70±0.13a	40a	1.00±0.00a
非喀斯特	3.08±0.04c	22c	1.00±0.00a

注：不同字母表示在 $p=0.05$ 水平下差异显著，相同字母表示在 $p=0.05$ 水平下差异不显著。

3.2.3 讨论

本章通过现代分子生物学方法表明喀斯特地区同样含有丰富的土壤真菌多样性，其水平也明显高于非喀斯特对照样地。与细菌的研究结果相比，喀斯特地区与非喀斯特对照样地在真菌多样性水平上的差距（平均差距 0.7 水平）要显著大于在细菌多样性水平上的差距（平均差距 0.4 水平），真菌群落结构相似性（平均值 0.25 水平）也要显著低于细菌群落结构相似性（平均值 0.45 水平）。以上研究结果表明，无论是在多样性还是在群落结构方面，喀斯特与非喀斯特地区在真菌方面的差异都要显著大于在细菌方面的差异。这意味着喀斯特地区特殊的生态环境孕育出的土壤真菌多样性更具有自身的特点，相比非喀斯特地区而言，土壤真菌在喀斯特生态系统物质循环和能量流动的一些特殊环节方面扮演的角色也可

能更多一些。

土壤真菌参与动植物残体的分解，成为土壤中碳、氮循环不可缺少的动力，特别是在植物有机体分解的早期阶段，真菌比细菌和放线菌更为活跃。喀斯特地区较高的真菌多样性和丰度意味着其在物质循环的早期阶段可能比非喀斯特地区活跃，我们在对细菌多样性的讨论中认为喀斯特地区的物质循环和能量流动具有高度复杂性，真菌的研究结果进一步支持了这一推论。喀斯特地区真菌和细菌都具有很高的多样性，说明其可能存在协同进化效应，在生态功能上具有很好的互补性，构成了健康的喀斯特土壤微生物区系。这种丰富的微生物多样性可能会决定喀斯特生态系统物质循环的速率，也是维持喀斯特生态系统平衡的需要。有证据表明，长期协同进化导致植物可以选择那些有利于自身凋落物快速分解的分解者，即植物和分解者之间存在协同作用（Hansen，1999）。

Brigitte 等利用 PCR-TFLP 和 DGGE 等方法研究了林型转换对土壤真菌多样性的影响，结果发现，林型的转变严重影响了土壤真菌多样性，并改变了土壤真菌群落结构（Brigitte et al.，2007）。本书通过对多样性指数、丰度和系统发育树的综合分析，喀斯特生态演替对真菌的群落结构同样产生了显著影响，使物种的组成尤其是优势种群发生了较大变化，但对真菌的多样性和物种丰度没有产生太大影响，可见生态演替对真菌的影响主要体现在物种组成上。研究表明土壤上层的真菌往往与凋落物分解有联系，其群落结构通常随着凋落物种类的改变而不同，从而影响凋落物的分解（David et al.，2005；Ariana et al.，2009）。随着喀斯特生态演替的进行，凋落物在成分和数量上都会发生较大变化（俞国松等，2011）。研究主要采集的是 0～20 cm 的表土，这说明凋落物是造成真菌群落结构发生较大变化的主要原因，同时说明不同的演替阶段需要不同的真菌群落发挥生态功能，而这种差异可能主要会体现在对大物质分解的初级阶段。

不同的分子生物学方法反映的侧重点不同。DGGE 的优点在于能够直观地分析微生物群落结构，清晰地对比不同样品间的差异，并能够通过条带回收、克隆和基因测序确定物种，但其缺点是只能反映样品中的优势种群。所以，本章研究有可能只是揭示了喀斯特地区土壤真菌的优势种群，其真实的真菌多样性可能比我们的研究结果还要高。以后应结合其他方法更加全面准确地揭示喀斯特地区的真菌多样性。此外，由于实验条件的限制，本研究没能够对条带进行回收测序，无法了解喀斯特地区的优势种群的具体名称，也没能反映演替对哪些具体菌种产生了影响，这在以后的研究中都应该重点进行弥补。

3.3　不同生态演替阶段下的土壤微生物功能多样性

土壤微生物在生物圈的生物地球化学循环和维持生态系统稳定性方面发挥着不可替代的作用，而土壤微生物的多样性是发挥其在生态系统中作用的关键保障。土壤微生物多样性一般包括四个层面：物种多样性、遗传多样性、结构多样性、功能多样性，而功能多样性是土壤微生物多样性在生态系统服务功能上的最终体现和根本价值所在。因此，越来越多的学者强调土壤微生物功能多样性的突出位置，土壤微生物功能多样性与环境变化的耦合关系以及在退化陆地生态系统恢复中的应用已成为研究热点（何良菊等，1999；张炳欣等，2000；Van Bruggen and Semenov，2000）。

西南岩溶地区是典型的脆弱生态系统，岩溶生态系统特殊的地质背景使其具有抗干扰能力弱、稳定性差等特点。岩溶作用本质上是以土壤为媒介的生物地球化学过程（潘根兴等，1999）。土壤微生物功能多样性与土壤功能关系密切，它是土壤功能的保证，同时也是恢复土壤功能的基础，因此，在岩溶生态系统的退化与恢复研究中，土壤微生物功能多样性尤其是如何响应生态演替的研究就显得更加重要。在以往对岩溶生态系统土壤微生物功能的研究中，多以土壤微生物数量、土壤呼吸和土壤酶等指标来描述，而以 Biolog 微孔板技术来评估岩溶地区土壤微生物代谢多样性和功能多样性的报道则较少，本节旨在通过 Biolog 方法从代谢指纹特征方面描述土壤微生物功能多样性对喀斯特生态演替的响应，为岩溶生态系统的合理调控和恢复重建提供科学依据。

3.3.1　材料与方法

3.3.1.1　研究地概况

详见第 2.1 节。

3.3.1.2　样地调查

详见第 2.2 节。

3.3.1.3　样品采集

详见第 2.3 节。样品过 2 mm 筛以保证充分混合均匀，然后迅速装入保温冷藏箱带回实验室 4℃冰箱保存，Biolog 实验在采样后最短时间内进行。

3.3.1.4　Biolog 功能多样性测定

Biolog 微平板分析方法是由美国 Biolog 公司于 1989 年发展起来的，最初应用于纯种微生物鉴定。1991 年 Garland 和 Mills（1991）开始将这种方法应用于土壤微生物生态学研究。Biolog ECO 微平板有三个重复的 96 孔反应微平板，除三个对照孔 A1、A5、A9 只装有四氮叠茂和一些营养物质外，其余的孔均装有不同的单一碳底物。土壤微生物在 Biolog ECO 微平板反应中，其新陈代谢过程中产生的脱氢酶能降解四氮叠茂，使四氮叠茂变成紫色，根据反应孔中颜色变化的吸光值来指示微生物对 31 种不同碳源的利用方式差别，从而来判定微生物群落的功能代谢能力差异情况。目前该方法已被广泛应用于土壤微生物功能多样性的研究中，德国的 Engelen 等（1998）研究了除草剂对土壤中微生物群落及其代谢特性的影响，Biolog 测定结果表明，使用除草剂降低了土壤中微生物的代谢活性和功能多样性。郑华等（2004）利用 Biolog 研究了不同森林恢复类型土壤微生物代谢特性，结果表明，自然恢复的天然次生林土壤微生物群落的碳源代谢能力比 3 种人工林强，并发现对 4 类森林恢复类型土壤微生物群落具有分异作用的主要碳源类型为糖类、羧酸类和氨基酸类。Biolog 碳素利用法已成为一种较为先进的研究不同环境下土壤微生物功能多样性的方法。

具体实验方法：称取相当于 10 g 干土的新鲜土样置于 100 mL 无菌水中，在约 220 r/min 下振荡 20 min。用无菌水稀释到 10^{-3} 后，再用 8 通道加样器向 Biolog ECO 微孔板（Biolog，Hayward，CA，USA）各孔分别添加 125 μL 稀释后的悬液。每个微孔板上做 3 个土壤样品重复。培养 168 h，每隔 24 h 在 Biolog Emax^{TM} 自动读盘机（Biolog，Hayward，CA，USA）上利用 Microlog Rel 4.2 软件（Biolog，Hayward，CA，USA）读取 590 nm 波长下的吸光值（Schutter and Dick，2001）。

3.3.1.5 数据处理与统计

孔的平均颜色变化率（average well color development，AWCD）可以评判微生物群落对碳源利用的总能力，用来表征微生物活性。C 为每个有培养基孔的光密度值，R 为对照孔的光密度值，n 为培养基数据，ECO 板 n 值为 31。

$$\text{AWCD}=\sum(C-R)/n \tag{3-4}$$

选取 96 h 的数据进行代谢功能多样性指数的计算和主成分分析，多样性指数计算方法（杨永华等，2000；Zak et al.，1994）如下：

Shannon 指数 H'用于评估物种丰富度，其中 P_i 为第 i 孔的相对吸光值与整个平板相对吸光值总和的比率，

$$H'=-\sum P_i\ln P_i \tag{3-5}$$

Simpson 指数 D 用于评估常见物种优势度，其中 P_i 为第 i 孔的相对吸光值与整个平板相对吸光值总和的比率。

$$D=1-\sum(P_i)^2 \tag{3-6}$$

McIntosh 指数 U 用来评估物种均匀度，n_i 为第 i 孔的相对吸光值。

$$U=\sqrt{(\sum n_i^2)} \tag{3-7}$$

数据处理统计分析采用 Excel2003 和 SPSS16.0 完成。

3.3.2 结果与分析

3.3.2.1 碳源平均颜色变化率（AWCD）

平均颜色变化率（AWCD）表征微生物群落碳源利用率，是土壤微生物群落利用单一碳源能力的一个重要指标，反映了土壤微生物活性、微生物群落生理功能多样性（Zabinski and Gannon，1997）。由图 3-7 看出，在培养初期（适应期），各演替阶段均表现出较低的微生物活性，24 h 后，微生物活性突飞增长，进入对数生长期，120 h 后逐渐趋于平缓进入稳定期。随着逆向演替的进行，土壤微生物利用碳源的能力呈下降趋势，96 h 前表现为原生林＞次生林＞灌丛草坡＞灌木林＞非喀斯特，96 h 后表现为灌丛草坡＞原生林＞次生林＞灌木林＞非喀斯特。值得注意的是，灌丛草坡在进入对数增长期后增长很快，表现出比前三个阶段更高的微生物活性，这与韩芳等（2003）在内蒙古黄甫川流域的研究结果相似。从图 3-7 还可以发现，在与非喀斯特地区森林土壤微生物活性的比较中，喀斯特地区土壤微生物整体表现出更高的活性。

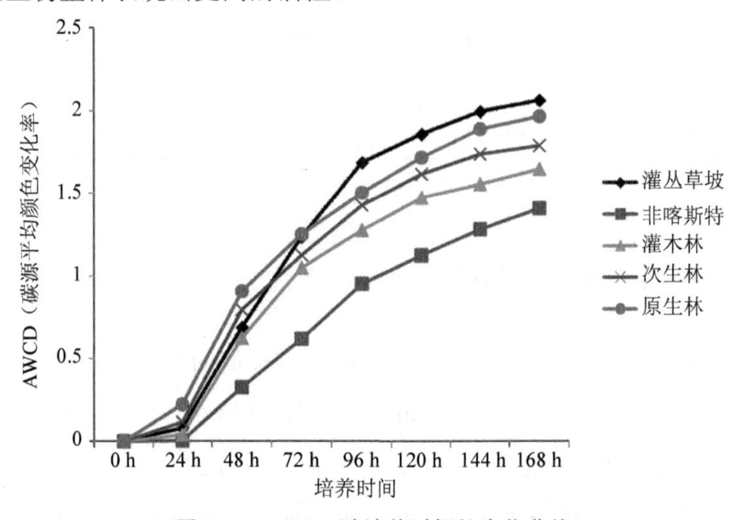

图 3-7 AWCD 随培养时间的变化曲线

3.3.2.2 土壤微生物群落代谢功能多样性指数分析

表 3-3 列出了根据 96 h 数据计算的多样性指数结果，由表分析，原生林→次生林阶段，Shannon 指数、Simpson 指数和 McIntosh 指数略呈下降趋势，但差异不显著；当逆向演替进行到灌木林阶段时，Shannon 指数、Simpson 指数和 McIntosh 指数继续呈下降趋势，其中 Simpson 指数和 McIntosh 指数同次生林相比差异不显著，但同原生林相比已差异显著，说明这时的一些常见物种优势度和微生物在土壤空间中的分布开始发生较大变化；当演替进行到草坡阶段时，Shannon 指数、Simpson 指数和 McIntosh 指数表现出逆势增高的现象，而且同前三个演替阶段差异都显著，这与其 AWCD 活性较高的表现是一致的。喀斯特地区土壤微生物功能多样性同非喀斯特地区相比差异显著。

表 3-3 各演替阶段微生物群落多样性指数

演替阶段	Shannon 指数	Simpson 指数	McIntosh 指数
原生林	3.268±0.040a	0.959±0.001a	9.763±0.362a
次生林	3.261±0.041a	0.958±0.001ab	9.347±0.929ab
灌木林	3.213±0.049ac	0.955±0.002b	8.623±0.462b
灌丛草坡	3.340±0.011b	0.963±0.001c	9.723±0.739a
非喀斯特	3.151±0.015c	0.953±0.001d	10.272±0.260a

注：同一列中具有相同字母表示结果差异不显著。

3.3.2.3 土壤微生物碳源利用多样性的主成分分析

对培养 96 h 后的数据进行主成分分析，根据提取的主成分个数一般要求累计方差贡献率达到 85%的原则（Hao et al.，2003），共提取了 9 个主成分，累计贡献率达 88.78%。其中第 1 主成分（PC1）的方差贡献率为 27.94%，第 2 主成分（PC2）为 12.78%。第 1、2 主成分累计贡献率为 40.72%，已反映出足够的信息，因此只对前 2 个主成分进行分析（图 3-8）。图 3-8 分析表明，不同演替阶段在 PC 轴上表现出明显的分异。通过对不同演替阶段的碳源主成分得分系数进一步方差分析表明（表 3-4）：在 PC1 上，草坡与前三阶段差异显著，非喀斯特同喀斯特地区差异显著；在 PC2 上，原生林和灌丛草坡同其他演替阶段差异都显著，次生林和灌木林差异不显著。总体表明演替对微生物的代谢模式产生了显著影响。

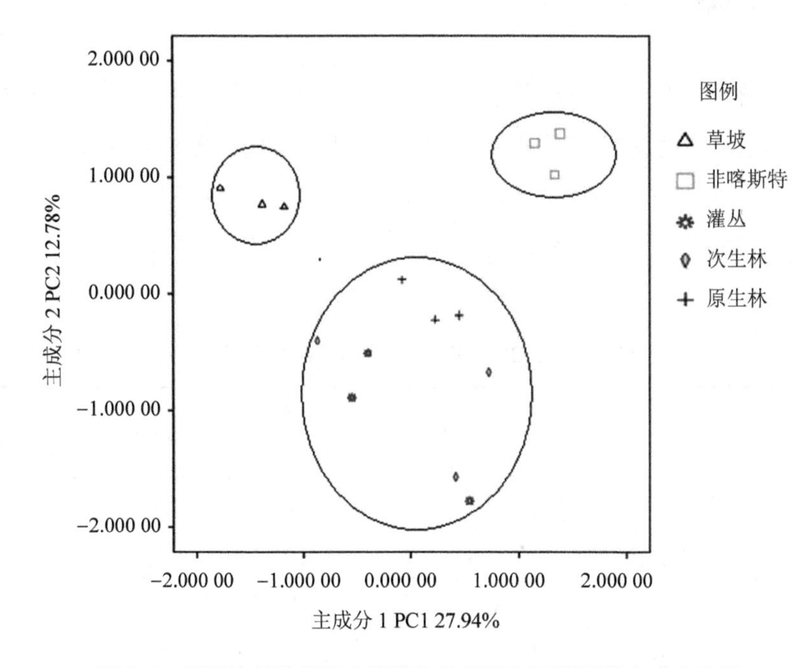

图 3-8　不同演替阶段的土壤微生物碳源利用类型的主成分分析

表 3-4　同演替阶段主成分得分系数分析

主成分 PC	演替阶段	均值	$p<0.05$
PC1	原生林	0.201±0.264	a
	次生林	0.088±0.849	a
	灌木林	−0.134±0.589	a
	灌丛草坡	−1.449±0.301	b
	非喀斯特	1.293±0.123	c

主成分 PC	演替阶段	均值	$p<0.05$
PC2	原生林	–0.096±0.188	a
	次生林	–0.884±0.612	b
	灌木林	–1.06±0.65	b
	灌丛草坡	0.808±0.088	c
	非喀斯特	1.232±0.184	c

注：同一列中具有相同字母表示结果差异不显著。

从 31 种碳源在 2 个主成分上的载荷值（表 3-5）分析结果表明，对 PC1 和 PC2 起分异作用的主要碳源是糖类、羧酸类和聚合物类。影响 PC1 的主要碳源是糖类和聚合物类，而对 PC2 起主要分异作用的碳源是羧酸类。演替使微生物对糖类、羧酸类、聚合物类碳源的利用产生了分异。

表 3-5　PC1 和 PC2 显著相关的主要碳源

碳源类型（PC1）	碳源名称	载荷值	碳源类型（PC2）	碳源名称	载荷值
糖类	*β*-甲基-*D*-葡萄糖苷	–0.707	羧酸类	丙酮酸甲酯	0.814
羧酸类	*D*-半乳糖醛酸	0.655	氨基酸类	*L*-苏氨酸	0.722
聚合物类	吐温 40	0.744	羧酸类	*D*-葡糖胺酸	0.776
糖类	*i*-赤藓糖醇	–0.703	羧酸类	衣康酸	–0.764
氨基酸类	*L*-苯丙氨酸	0.677	糖类	*D,L*-α-磷酸甘油	0.727
糖类	*D*-甘露醇	0.661	胺类	腐胺	0.806
聚合物	α-环式糊精	–0.702			
糖类	*N*-乙酰-*D* 葡萄糖氨	0.691			
聚合物	肝糖	–0.727			

3.3.3 讨论

MacArthur 在总结前人对生物生活史的研究基础上提出了著名的 r-K 选择的自然选择理论，表示生物对它所处生存条件的不同适应方式。r 和 K 分别表示内禀增长率和环境负载量。在环境不稳定的生态系统中，生物通常会采取 r 生活史，即快速大量的繁殖以提高存活率，r 对策者是新生境的开拓者，出生率高但竞争力弱，一般缺乏保护后代的机制，种群数量变动较大（MacArthur，1962；李博，2000）。相反，在环境稳定的生态系统中，生物通常会采取 K 生活史，K 对策者生育率低但存活率高，种群扩散能力较弱，竞争能力较强，种群稳定而少变。在原生林→次生林→灌丛的逆向演替过程中，土壤微生物活性逐渐降低，各项指数差异也呈现出从不显著到显著的渐变过程，当演替进行到草坡阶段时，微生物活性和各项功能多样性指数却突然逆势增高，微生物的丰富度和常见物种的优势度比原生林都高，且差异显著。主成分分析虽然表明各个演替阶段的微生物代谢模式都有差异，但从图 3-8 和表 3-4 可以看出，总体上聚为三大类：原生林、次生林、灌木林聚为一类，灌丛草坡为一类，非喀斯特地区为一类，这从微生物的代谢模式方面进一步证明演替进行到草坡阶段时微生物群落功能发生了根本性的变化。结合 r-K 理论分析，演替前三个阶段的环境相对稳定而且变化平缓，微生物采取 K 或接近 K 的生活策略，而当逆向演替由灌木林进行到草坡时，地上植被由木本植物变为草本植物，植被覆盖度和种类降低，光照、土壤温度、相对湿度、气温等的波动性很大，环境稳定性差，使土壤微生物生存的环境条件受到影响，较差的环境使微生物生活策略由 K 过渡到 r，实现了量变到质变的过程。图 3-7 草坡 AWCD 的迅猛增长反映了 r 选择者的繁殖策略。不同的生长策略必将对微生物的结构和功能产生根本性的影响。r-K 理论认为，r 选择者在一定意义上是“机会主义者”，很容易受环境变化的刺激出现猛然的爆发和突然的灭亡，这样会导致资源的过度消耗，使生境破坏。因此，草坡阶段土壤微生物的这种生活史选择极有可能与地上植被形成互作效应，使草坡的资源过度消耗，土壤功能丧失，最终导致自身的灭亡和生态系统的崩溃，这就为其继续向石漠化方向演替提供了可能，换言之，这也可能是石漠化发生的重要原因之一。K 对策者是稳定环境的维护者，在一定意义上，它们是保守主义者，当生存环境发生灾变时很难迅速恢复，如果再有竞争者抑制就可能趋于灭绝。在原生林、次生林、灌木林演替阶段，微生物选择 K 或接近 K 的生活史，一方面这有利于维护生态系统的稳定性，另一方面也表明一旦退化到草地阶段再进行恢复将变得缓慢而艰难。安明态（2008）发现茂兰地区群落演替有直接从灌木林演替到原生林的跨越式演替形式，从本研究来看，这可能与灌木林和原生林的土壤微生物具有相近的生活策略（功能没有发生根本性的变化）有直接关系，灌木林土壤为人工直接恢复到顶级群落提供了可能的基础。何寻阳等（2008）在相似的研究中也发现灌木林土壤环境是植被演替过程中的过渡阶段，其孕育的土壤细菌具有森林阶段土壤细菌的部分特征。生态系统在干扰下会发生一定的改变，当这种改变超过一定水平后会导致生态系统功能改变，致使生态系统回到起始状态比较困难（Knoop and Walker，1985）。综上所述，草坡阶段可以视为岩溶生态系统整个演替阶段的阈值，生态系统管理时识别这个阈值是必需的，通过确定生态系统不同的阈值水平，并将所获得的数据提供给决策者以更好地实现决策的科学化。因此在进行岩溶生态系统退化程度评估时，草坡阶段的退化要特别引起我们的注意，从草坡开始加以恢复将为我们的生态保护和石漠化治理工作节约时间并减少大量的投入。

与非喀斯特森林土壤相比，喀斯特地区土壤具有更高的微生物活性和丰富度，这主要是因为岩溶地区生境破碎，土壤浅薄且分布不连续，植被要想在这种有限的土壤环境中生存必须要有很强的汲取营养的能力，而微生物正是这种物质循环和能量流动的中枢，它们作为土壤中的主要分解者，和其他土壤生物发生相互作用，通过营养元素的周转，调节养分的供应，影响植物的生长、资源分配和化学组成，这是植被—微生物长期协同进化的结果（Schlesinger，1997；Hansen，1999；Read and Perez-Moreno，2003），也是对岩溶生态系统的一种适应机制；

Simpson 指数差异显著，说明两个地区的常见微生物种差异显著，这可能也是代谢模式差异显著的主要原因之一。

在主成分分析当中，虽然只对前两个主成分进行了分析，但累积贡献率达到85%时需要提取 9 个主成分，这说明在岩溶生态系统退化过程中，引起微生物群落功能变化的重要因素很多。这可能与岩溶生态系统复杂的微域环境和高度的空间异质性有关。大量研究已经表明影响微生物群落多样性的因素很多，如植被类型及多样性、土壤条件、气候条件等（张薇等，2005）。同时土壤微生物也可以通过与植物之间的种间关系影响植物发育、群落结构和演替（Packer and Clay，2000；Klironomos，2002；van der Heijden et al.，1998）。因此，在岩溶生态系统演替过程中哪些具体环境因子是导致微生物群落发生变化的主要影响因子，这些因子之间以及同微生物之间的相互作用如何，怎样利用这些环境因子来加强岩溶生态系统的保护将成为今后研究的重点。

3.4 小结与讨论

3.4.1 喀斯特生态系统土壤微生物多样性水平

喀斯特不同生态演替阶段下的土壤细菌和真菌遗传多样性都很丰富，而且都比非喀斯特对照样地高，这说明喀斯特生态系统的土壤微生物遗传多样性整体处于较高水平。喀斯特丰富的土壤微生物多样性是与整个生态系统长期协同进化的结果，是生态系统维持自身生态平衡的需要。研究地属于中亚热带气候季风性湿润气候，生态系统的组成和结构复杂，植物种类多样性和结构多样性丰富（屠玉麟，1989；朱守谦等，1993），与同纬度的其他森林类型如中亚热带常绿阔叶林相比，其植物物种多样性水平高（王周平等，2003），研究表明植物多样性与土壤微生物多样性呈显著正相关（Stephan et al.，2000）；同时，喀斯特地区小生境发育，微环境多样，空间异质性高，这些都会有助于提高土壤微生物的多样性（高玉峰等，2010）。

3.4.2 喀斯特生态演替对土壤微生物多样性的影响

喀斯特生态演替使土壤微生物遗传多样性和功能多样性都发生了变化。Waid（1999）指出，植被的类型、数量和化学组成可能是土壤微生物多样性变化的主要决定因素，这种影响主要是基于植物凋落物及根系分泌物的特性，尤其是化学组成特性。俞国松等（2011）的研究表明喀斯特生态演替对凋落物的量和组成影响显著。这说明喀斯特演替会使不同的植物群落凋落物产生差异，进而使分解过程中释放的有机物和无机物有很大的差异，从而对土壤微生物生长具有选择性刺激作用，进而影响微生物群落结构和功能及其多样性。俞国松等（2011）通过室内模拟实验证明不同演替阶段土壤微生物的分解速率明显不同，并对碳同位素值有影响。可见作为对资源可利用性的响应，微生物直接影响土壤中的碳循环。研究通过 Biolog 数据进一步证明喀斯特生态演替使微生物对糖类、羧酸类、聚合物类这三大类具体碳源的利用产生了显著差别。

喀斯特生态演替使细菌和真菌的群落结构都发生了变化，但需要注意的是，这种影响程度是不同的。从数据分析我们可以看出，各演替阶段土壤细菌群落结构的相似性指数保持在 0.55 左右，真菌群落结构的相似性保持在 0.35 左右，演替对真菌群落结构的影响显著大于对细菌群落结构的影响。相比细菌而言，真菌的优势种群更加明显，而且各演替阶段的优势种群差异较大。以上研究结果表明，在喀斯特生态系统中，细菌的生态学功能可能是通过集群作用体现的，而真菌的生态学作用是通过某些关键优势功能菌群体现的，或者说，优势功能菌群的生态学作用相比非优势菌群更加凸显和重要，而且这些凸显的生态学功能会随着植被演替发生改变。

3.4.3 从（微）生物多样性角度对喀斯特生态系统稳定性的讨论

微生物在生物地球化学循环方面扮演的功能角色最多，喀斯特如此丰富的土壤微生物遗传多样性会带来丰富的功能多样性，意味着其土壤库中的物质循环和能量流动具有高度的复杂性，而这种复杂性可以提高系统对资源的利用效率（赵平等，2000）。本书通过微生物功能的测定证实喀斯特地区土壤微生物确实具有较高的碳源利用能力和功能多样性，而且要比非喀斯特样地高出很多。喀斯特地区这种较高的土壤微生物遗传和功能多样性有利于生态系统营养水平间的流动趋于平衡和多样，最终提高生态系统的稳定性（Naeem and Li，1997；王国宏，2002）。Tilman（1996）总结了生物多样性与稳定性实验和理论研究成果，指出较高的多样性可以增加植物群落的生产力、生态系统营养的保持力和生态系统的稳定性。本研究区域位于茂兰国家自然保护区，生态系统基本未受到干扰，细菌遗传多样性、真菌遗传多样性、微生物功能多样性这三方面的数据都证明未受干扰的喀斯特生态系统本身是具有很高的土壤微生物多样性的。也有研究认为喀斯特地区植物多样性水平与同纬度的其他森林类型如中亚热带常绿阔叶林相比也要高，因此，地上和地下都比较高的生物多样性反映出的是原始的喀斯特生态系统还是具有较高的稳定性（王周平等，2003）。传统的观点通常认为喀斯特生态系统稳定性差易受损（杨明德，1990；李阳兵等，2006）。本研究认为对喀斯特生态系统稳定性的评判应该具有辩证性和全面性，易受损也要根据外界的干扰力度来合理评判。稳定性本身是一个多含义和相对的概念，经典的生态系统稳定性定义包括生态系统对抗外界干扰的抵抗力和干扰去除后生态系统恢复到初始状态的能力（Huang and Han，1995）。喀斯特较高的（微）生物多样性具有两面性，一方面可以提高生态系统的抵抗力（相对正常干扰而言），另一方面其带来的这种生态功能的复杂性降低了生态系统受到强烈干扰后的恢复力，因为多样性越高，生态位越多，生态系统功能越复杂，被破坏后要想恢复到原始这么复杂的状态可能需要更长的时间，表现出的难度就越大。喀斯特地区的外界干扰大多是人为作用，如滥伐、烧山、毁林开荒等，这种外界干扰对生态系统的结构和功能来说都是非正常和毁灭性的，进而使生态系统变成退化生态系统。这有可能是喀斯特生态系统受到较大人为干扰发生石漠化后为什么难以恢复的重要原因。综上所述，笼统地认为喀斯特生态系统稳定性差的观点具有片面性，应该从抵抗力和恢复力两方面来看，对于未受到非正常干扰的喀斯特生态系统而言，比如发育和保护比较好的茂兰，对于自然干扰带来的正常波动，其本身是有较高的抵抗力，并能够通过系统功能自我调节；当其受到非正常外在干扰时，比如贵州省普定县，人为放牧和伐木，这种破坏已远远超出一个生态系统能够承受的能力，这时再用抵抗力来评判已失去意义，对生态恢复而言更应该注意其难恢复性。这种情况恰好是由较高的生物多样性所带来的两面性造成的。

3.4.4 从微生物多样性角度对喀斯特生态阈值的讨论

任何生态系统都有其生态忍受阈值。从理论研究和石漠化治理现状来看，极有必要加强喀斯特生态系统的生态阈值研究。生态系统稳定性的首要表现是功能的稳定（柳新伟等，2004），因此那些能直接反映功能变化的指标在稳定性和生态阈值的研究中更具有参考意义。研究认为，随着时间的推移，种群密度远离极端（高或低）时，稳定性增加，这意味着变异性减少（McCann，2000）。在本研究中，土壤微生物生活史在草坡阶段由 K 过渡到 r 是种群密度接近极端的一种表现，这种生活史的变化意味着变异性的增加，本身就体现了环境由稳定到不稳定的过程。之前的研究发现在用每小时每毫克组织散发出的二氧化碳微升数（qCO_2）指标评价这四个演替阶段的环境状况时，出现了相同的现象，草坡的 qCO_2 也急剧升高（刘玉杰，2011）。土壤 qCO_2 可以作为陆地群落胁迫和微生物群落定量变化的一个指标，较低的土壤 qCO_2 意味着土壤的生物学功能相对未受干扰（Insam，1990）。Odum（1969）的生态系统演替论认为，随着时间增长或生态系统的正向演替，qCO_2 应逐渐降低，qCO_2 越低，表明其存在的生境越稳定成熟，若土壤的 qCO_2 偏高，则表明它是一个不稳定或不健康的生态系统。综上所述并结合第 3.3 节的讨论，草坡阶段有可能是喀斯特生态系统的一个阈值。由于评测指标有限，结果可能会具有一定的局限性，还需要结合其他更多的指标相互论证。但总体来讲，土壤微生物功能多样性能够灵敏地反映喀斯特生态演替环境变化的过程，因此建议把土壤微生物功能多样性作为评价岩溶生态系统稳定性以及植被退化和生态恢复效应的重要指标。任京辰等（2006）在分析岩溶土壤和生态系统退化过程的本质以及评价生态恢复的效应时表达了同样的观点，他认为不仅应将微生物量碳和总养分库指标作为岩溶土壤退化恢复的指标，更应将微生物区系的质量和功能指标纳入关键评价内容。

第4章

喀斯特地区小生境下的土壤微生物多样性

4.1　喀斯特小生境细菌遗传多样性特征

喀斯特地表基岩出露面积较大，且起伏多变，微地貌十分复杂，具有与常态地貌上明显不同的形态特征和分布特征，岩溶地区的生境多样性集中表现为小生境类型及其组合的多样性和其时空变化的无序性（杜雪莲，2010）。岩溶山区土壤在较大取样面积呈集群分布，受控于裂隙的空间展布和地貌部位；在较小取样面积尺度呈均匀分布和随机分布，广泛分布于石沟、石缝等肥沃生境。这种土壤异质性不仅改变了土壤物质的局部分配，而且造成了景观格局与过程的变化。降水资源的再分配及与此相应的土壤资源再分配（侵蚀和沉积），是土壤斑块异质性形成最为主要的影响因素。同时，裸露岩面生物结皮与景观内的微地形变化相结合，显著地改变了小尺度范围内水文循环和土壤侵蚀过程，加速了景观中一个个土壤资源斑块的形成，促进了景观异质性的发展。而自然演替形成的小尺度上的土壤斑块和生境异质性对于维持岩溶景观的健康状况是非常重要的（李阳兵，2004）。目前，小生境在喀斯特生态系统保护和生态恢复中的地位和作用越来越受到重视，研究者们也开展了喀斯特生境异质性与植物适应性等方面的研究（盘邹等，2006）。

土壤微生物在整个生态系统的物质循环和能量流动方面扮演着关键角色，土壤微生物多样性是土壤生态研究的重要领域之一。岩溶环境的土壤与石面、石缝、石沟、石洞、石槽、溶洞等组合形成多种小生境类型，这些小生境在小气候特征、严酷度、土壤矿物组成、有机碳以及氮磷钾等营养元素的含量等指标方面都有显著差异，而这些指标都是土壤微生物多样性的重要影响因素（周桔，2007；罗海波，2010；廖洪凯，2010；杜雪莲，2010）。所以，喀斯特地区这种特殊的小生境地表特征势必会形成自己独特的土壤微生物多样性。目前关于喀斯特土壤微生物多样性的研究多集中于不同植被类型、不同土地利用方式以及石漠化的影响等方面，而关于小生境微地貌下的土壤微生物多样性的特征研究比较少见，尤其是以现代分子生物学方法为手段的研究就更为少见。本章研究以茂兰喀斯特国家自然保护区三种不同植被类型下的主要小生境为研究对象，利用 PCR 和变性梯度凝胶电泳（DGGE）相结合的分子生物学方法研究了不同小生境下的细菌遗传多样性，意为更加全面地认识喀斯特土壤微生物多样性分布特征以及今后科学合理地利用小生境为喀斯特生态系统保护和石漠化治理服务奠定理论基础。

4.1.1 材料与方法

4.1.1.1 研究地概况

详见第 2 章。

4.1.1.2 样地选择和样品采集

详见第 2.2 节、第 2.3 节。样品过 2 mm 筛以保证充分混合均匀，于–20℃冰箱保存用于 DNA 提取。

4.1.1.3 实验方法

（1）提取土壤总 DNA

同第 3.1 节。

（2）降落式 PCR 扩增目的片段

同第 3.1 节。

（3）变性梯度凝胶电泳（DGGE）分析遗传多样性

梯度变性凝胶的制备使用 Bio-Rad 公司 475 型梯度灌胶系统（Model 475 Gradient Delivery System）变性梯度从上到下是 30%到 60%，聚丙烯酰胺凝胶浓度是 10%；缓冲液为 1×TAE，60℃电泳，先在 200 V 的电压下电泳 10 min，后在 75 V 电压下约 10 h。电泳完毕后，将凝胶采用银染法染色，再将染色后的凝胶用 Bio-Rad 的 Gel Doc-2000 凝胶影像分析系统分析，观察每个样品的电泳条带并拍照。

（4）数据处理

同第 3.1 节。

4.1.2　结果与分析

4.1.2.1　样品 DNA 的提取和 PCR 效果

图 4-1 是 PCR 扩增后的效果图。由图可以看出，PCR 扩增条带清晰明亮，目的条带大小 250 bp 左右，所用 Maker 为 MakerI。说明本章所用的 DNA 提取方法和 PCR 扩增方法是适合喀斯特地区小生境土壤细菌多样性研究的。此方法为下一步进行 DGGE 分析奠定了良好的基础。

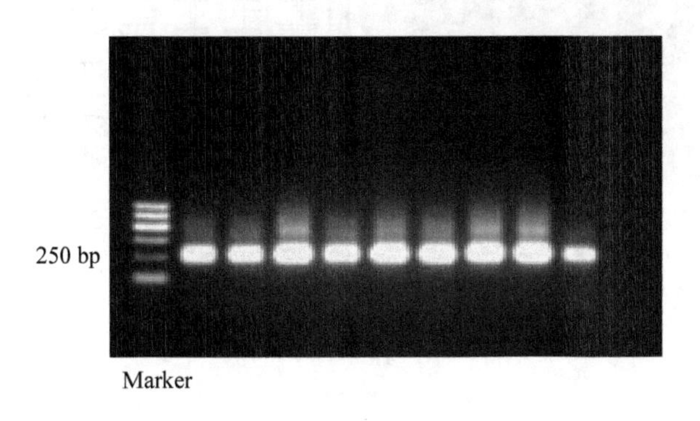

图 4-1　PCR 效果图

4.1.2.2　DGGE 图谱分析

图 4-2 是各小生境土壤细菌多样性图谱。对图 4-2 进行直观分析，DGGE 可以很好地分离样品中的细菌种类，说明所采用的变性梯度等条件是适合的。1～9 泳道都含有数量较多的条带，说明各个小生境都含有丰富的细菌多样性。各泳道间含有共有条带，但特异性条带也很丰富，说明不同小生境的细菌多样性是有较大差异的。

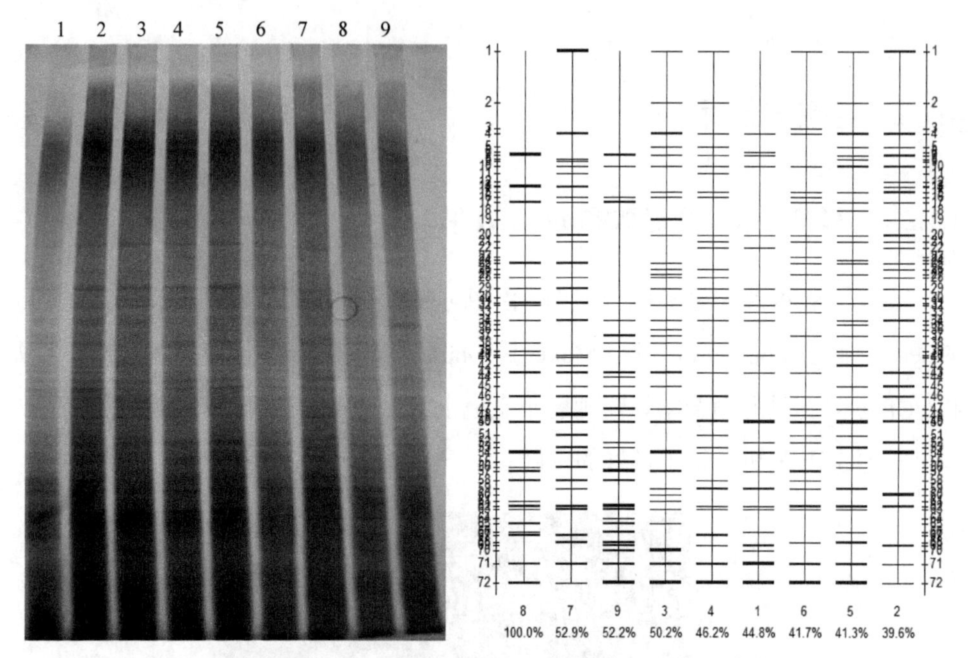

1. 原生林土面；2. 原生林石沟；3. 原生林石缝；4. 灌木林土面；5. 灌木林石沟；6. 灌木林石缝；7. 次生林土面；8. 次生林石沟；9. 次生林石缝

图 4-2 不同样品的细菌 DGGE 图谱及泳道

4.1.2.3 不同小生境细菌群落相似性分析

图 4-3 是各小生境土壤细菌群落结构的相似性图谱。由图进行分析，原生林土面和原生林石缝聚为一类，相似性指数为 0.51；灌木林土面和灌木林石沟聚为一类，相似性指数为 0.60，然后与灌木林石缝聚为一类；次生林土面和次生林石沟聚为一类，相似性指数为 0.53，然后与次生林石缝聚为一类，相似性指数为 0.47。总体而言，各小生境间的细菌群落结构相似性指数都很低，说明不同小生境的细菌群落结构差异显著。

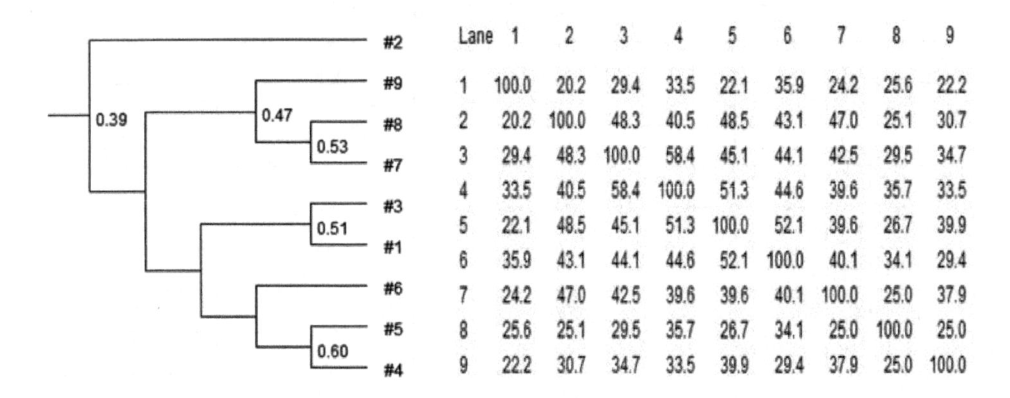

Lane	1	2	3	4	5	6	7	8	9
1	100.0	20.2	29.4	33.5	22.1	35.9	24.2	25.6	22.2
2	20.2	100.0	48.3	40.5	48.5	43.1	47.0	25.1	30.7
3	29.4	48.3	100.0	58.4	45.1	44.1	42.5	29.5	34.7
4	33.5	40.5	58.4	100.0	51.3	44.6	39.6	35.7	33.5
5	22.1	48.5	45.1	51.3	100.0	52.1	39.6	26.7	39.9
6	35.9	43.1	44.1	44.6	52.1	100.0	40.1	34.1	29.4
7	24.2	47.0	42.5	39.6	39.6	40.1	100.0	25.0	37.9
8	25.6	25.1	29.5	35.7	26.7	34.1	25.0	100.0	25.0
9	22.2	30.7	34.7	33.5	39.9	29.4	37.9	25.0	100.0

*数字表示各小生境间物种相似度指数。

1. 原生林土面；2. 原生林石沟；3. 原生林石缝；4. 灌木林土面；5. 灌木林石沟；6. 灌木林石缝；7. 次生林土面；8. 次生林石沟；9. 次生林石缝

图 4-3　DGGE UPGMA 分析

4.1.2.4　多样性指数和丰富度分析

表 4-1 列出了不同小生境细菌多样性指数、丰度和均匀度。由表可知，多样性指数最高的小生境是灌木林石沟，为 3.65；多样性指数最低的小生境是原生林土面，为 3.13；丰富度最高的小生境是灌木林石沟，为 39；丰富度最低的小生境是原生林土面，为 24；各样地均匀度指数基本无差异，除原生林土面和次生林石沟稍低一些，其余均保持在 1.00。原生林各小生境的多样性指数和丰度的大小顺序为石缝＞石沟＞土面；次生林各小生境的多样性指数和丰度的大小顺序为土面＞石缝＞石沟；灌木林各小生境的多样性指数和丰度的大小顺序为石沟＞土面＞石缝。可以看出，各样地不同小生境多样性指数和丰度并没有表现出相同的变化趋势。

表 4-1　不同小生境的细菌多样性指数、丰富度及均匀度

样品	Shannon 指数（H）	丰富度	均匀度（E_H）
原生林石缝	3.54	35	1.00
原生林石沟	3.48	33	1.00
原生林土面	3.13	24	0.99
次生林石缝	3.42	31	1.00
次生林石沟	3.38	30	0.99
次生林土面	3.57	36	1.00
灌木林石缝	3.48	33	1.00
灌木林石沟	3.65	39	1.00
灌木林土面	3.51	34	1.00

4.1.3 讨论

由图 4-2 可以直观地看出不同小生境间的细菌种类是有较大差异的，通过图 4-3 聚类分析，进一步发现不同小生境的群落结构相似性确实很低，最高也只有 0.6。这说明喀斯特地区这种特殊的地表微形态多样性对这一地区的细菌多样性的分布是有显著影响的，换言之，喀斯特地区的细菌多样性是与小生境的类型紧密相关的。王世杰（2007）和周运超（2010）通过有机碳指标对喀斯特地区代表性土壤样品采集的合理性进行了详细的讨论，认为第一要充分考虑这一地区小生境的空间异质性，不能单纯地以哪一类小生境作为代表样；第二以各类小生境的面积权重比组成的混合样为代表样是比较合理的。本章通过对不同小生境细菌多样性的研究支持了这一观点，单纯的一类小生境细菌多样性不能代表整个样地的水平，必须要考虑它们之间的差别。受小生境地表微形态和微地貌空间变异的影响，小生境的成土条件和成土过程出现差异，形成的土壤在空间上的分布也出现明显变化。刘方等对喀斯特小生境土壤的异质性进行了研究，发现土壤性质的差异主要表现在黏粒、微团聚体、有效养分数量上的变化，而这些条件都显著影响着细菌多样性，这也是不同小生境的细菌群落结构差异显著的主要原因（黄进勇，2004；

周桔，2007；刘方等，2008）。

从图 4-3 中可以发现，在细菌的群落结构聚类时，1 和 3 聚为一类，4、5 和 6 聚为一类，7、8 和 9 聚为一类，可以认为是同一植被类型下的不同小生境具有更高的相似性，而不是不同植被类型下的同一类小生境具有更高的相似性，这说明植被类型对细菌群落结构的影响要大于小生境类型对其影响。刘玉杰（2011）用传统方法对不同小生境的细菌数量进行了分析，认为植被类型和小生境都对细菌数量有显著影响，但并未指出这两者的关系。本章通过聚类分析进一步发现了这两种影响的大小关系。植被是土壤微生物赖以生存的有机营养物和能量的重要来源，影响着土壤微生物定居的很多环境因素，如植物凋落物的类型和总量、水分从土壤表面的损失率等。植被通过影响土壤有机碳和氮的水平、土壤含水量、温度、通气性及 pH 等来影响土壤微生物多样性（周桔，2007；黄进勇，2004）。在同一植被类型下，进入土壤的掉落物等碳源的种类和结构基本一致。在这一基础上，不同小生境影响土壤含水量、温度、通气性、物理结构和有机质含量多少，但实际上碳源的种类和结构具有相同的背景来源，所以尽管土壤微生物多样性的影响复杂多变，不同水平不同环境可能突出的主要因素不一样，但仍可以看出，有机质的种类和结构是影响喀斯特地区土壤细菌多样性的最重要因素。而很多研究确实表明土壤有机质含量和组成是影响微生物生物量、群落组成和生物活性的关键因素（Tiquia，2002；Boehm，1997）。

4.2　喀斯特小生境真菌遗传多样性特征

真菌具有明显的生境选择和区域特点，由于不同环境因子的影响，土壤真菌在其生活环境中形成独特的群落种类、组成和分布规律。生境多样性已成为真菌多样性研究的重要内容。目前对真菌的生境多样性研究多集中于不同生态系统、大景观、宽尺度程度上，包括农田（Girlanda，2001；Gomes，2003；Smith，1999）、林地（Chen，2002；Getherine，2002）、草地（Johnson，2004；Kowalchuk，1997）、沼泽湿地（Buchan，2002；Lyons，2003）、温泉热土（Cullings，2001）、冻土层（Jumpponen，2003；Schadt，2003）等。而对小尺度、微环境程度上的真菌生境多样性研究较少，这与研究区域特点和研究目的不同有直接关系。

喀斯特地区具有与其他生态系统不同的地表景观特征，喀斯特生境可以说是由多种小生境类型镶嵌构成的复合体（朱守谦，2003）。岩溶地区的生境多样性集中表现为小生境类型及其组合的多样性和其时空变化的无序性。岩溶山区土壤在较大取样面积呈集群分布，受控于裂隙的空间展布和地貌部位；在较小取样面积尺度上呈均匀分布和随机分布，主要分布于石沟、石缝、土面等小生境。土壤异质性改变土壤物质的局部分配的同时造成景观格局与过程的变化。降水资源的再分配及与此相应的土壤资源再分配是土壤斑块异质性形成最为主要的影响因素，同时裸露岩面生物结皮与景观内的微地形变化相结合，显著地改变了小尺度范围内水文循环和土壤侵蚀过程，加速了景观中一个个土壤资源斑块的形成，促进了景观异质性的发展，而自然演替形成的小尺度上的土壤斑块和生境异质性对于维持岩溶景观的健康状况是非常重要的。生境异质性的存在甚至成为植被演替的主导因子（李阳兵，2004）。喀斯特地区这种特殊的微地貌特征和空间异质性为研究小生境与真菌多样性关系提供了天然的平台，同时，对研究不同小生境间的真菌多样性、认识喀斯特地区生态系统的物质循环特征以及小生境的生态功能多样性具有重要意义。

由于缺少对群落中所有真菌都适应的培养条件，大量真菌无法被分离培养，导致人们对自然界的真菌多样性了解得还很少。迄今为止，被正式描述的种类仅占 5%～10%（Hawksworth，1991；2001）。魏媛（2008）和刘玉杰（2011）用传统的培养法研究了喀斯特小生境真菌数量特征，发现不同小生境间的真菌数量差异较为显著。但目前为止仍未见喀斯特小生境真菌群落结构和多样性的报道，本章研究以喀斯特三种典型植被类型下的小生境为研究对象，利用现代分子生物学方法（PCR-DGGE）研究了不同小生境真菌多样性特征，意在为喀斯特生态系统保护和石漠化治理提供理论基础。

4.2.1　材料与方法

4.2.1.1　研究地概况

详见第 2 章。

4.2.1.2　样地选择和样品采集

详见第 2.2 节、第 2.3 节。样品过 2 mm 筛以保证充分混合均匀，于–20℃冰箱保存用于 DNA 提取。

4.2.1.3　实验方法

（1）提取土壤总 DNA

详见第 3.2 节。将提取纯化后的 DNA 用 1.0%的琼脂糖凝胶电泳检测提取的 DNA 质量，检测产物分装后置于–80℃冰箱内保存备用。

（2）PCR 扩增 18S rDNA 目的片段

详见第 3.2 节。PCR 反应的产物均用 1.5%琼脂糖凝胶电泳检测，于–20℃冰箱内保存，24 h 内完成变性梯度凝胶电泳分析。

（3）变性梯度凝胶电泳（DGGE）分析遗传多样性

详见第 3.2 节。

（4）数据处理

详见第 3.2 节。

4.2.2　结果与分析

4.2.2.1　样品 DNA 的提取和 PCR 效果

图 4-4 是各小生境真菌 PCR 效果图。由图分析，条带清晰明亮，无特异性条

带，阴性对照无条带，证明成功地扩增出了18S rDNA目的条带，为后续DGGE群落结构分析奠定了基础。

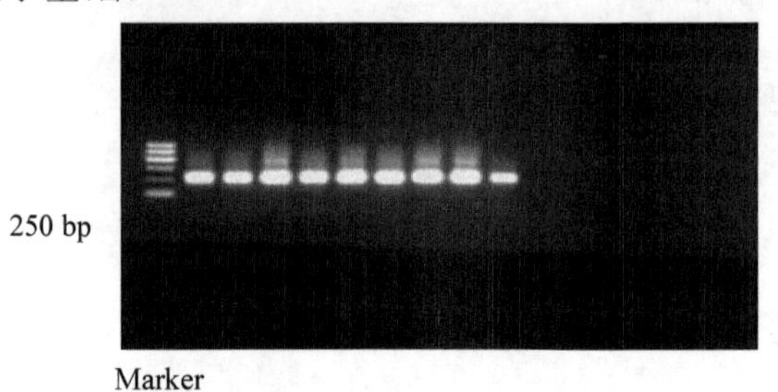

图4-4 各样品真菌PCR效果图

4.2.2.2 DGGE图谱分析

图4-5是各小生境真菌DGGE图谱。对图进行直观分析，各泳道都含有丰富的电泳条带，说明各小生境都含有丰富的真菌种类，多样性较高；各泳道既有共有条带又有差异条带，充分体现了小生境中的真菌多样性；每个泳道都含有一些相对其他条带而言更加明亮粗黑的条带，说明各个小生境都有自己的优势种群，对不同泳道的优势条带进行比较后发现其基本属于特异性条带，说明各个小生境的真菌优势种群不同。

4.2.2.3 不同小生境真菌群落相似性分析

图4-6是各小生境真菌群落结构相似性系统发育树。由图分析，次生林石沟和灌木林石沟具有较高的真菌群落相似性，在系统发育树上聚为一类，相似性指数0.50；原生林石沟的真菌群落和灌木林石沟的最相似，相似性指数为0.38；次生林石缝和灌木林石缝具有较高的相似性，相似性指数是0.41；原生林石缝和灌木林土面具有较高相似性，相似性指数0.48；次生林土面和灌木林土面以及灌木林石沟都具有较高相似性，相似性指数分别为0.42和0.44。总体而言，各小生境间的群落结构相似性指数都很低，说明不同小生境间的真菌群落结构差异显著。

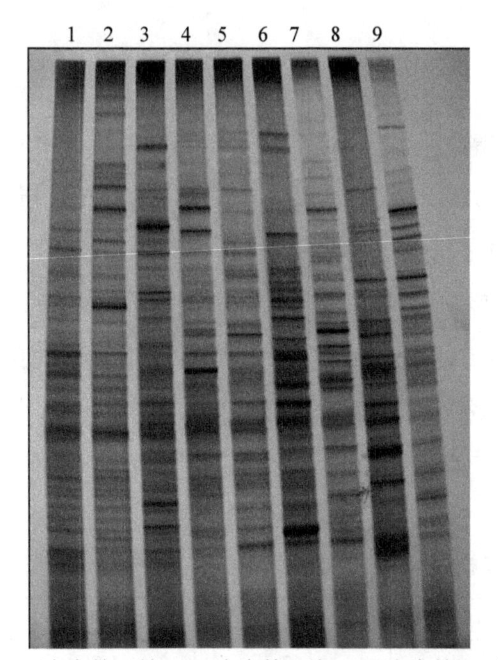

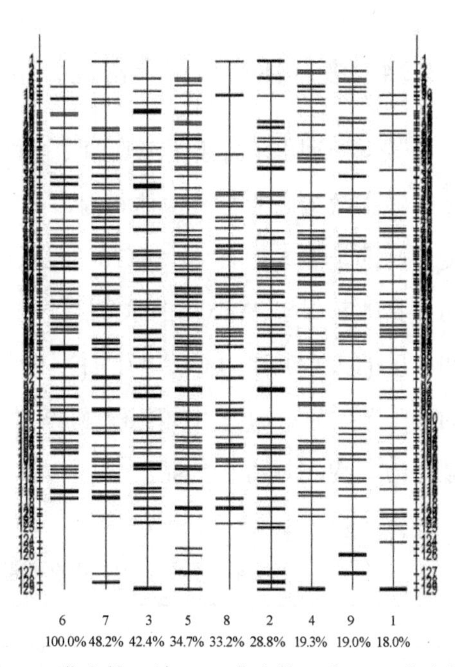

1. 次生林石缝；2. 次生林石沟；3. 次生林土面；4. 灌木林石缝；5. 灌木林石沟；6. 灌木林土面；7. 原生林石缝；8. 原生林石沟；9. 原生林土面

图 4-5　不同样品的真菌 DGGE 图谱及泳道

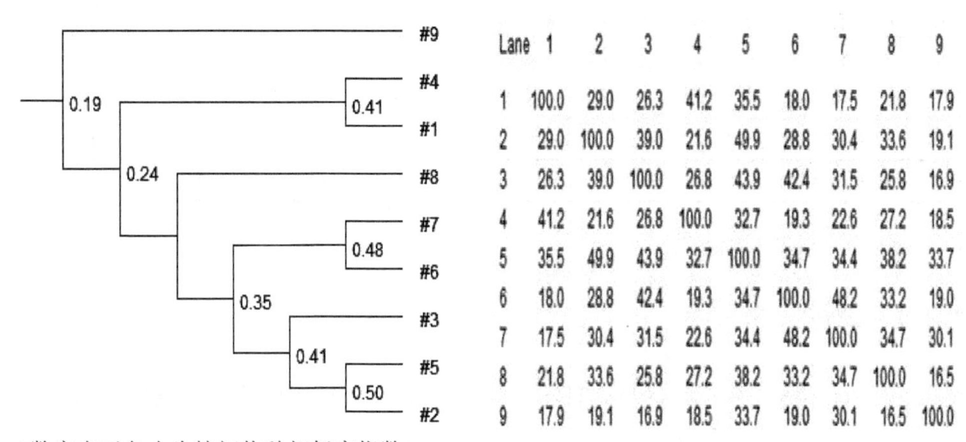

Lane	1	2	3	4	5	6	7	8	9
1	100.0	29.0	26.3	41.2	35.5	18.0	17.5	21.8	17.9
2	29.0	100.0	39.0	21.6	49.9	28.8	30.4	33.6	19.1
3	26.3	39.0	100.0	26.8	43.9	42.4	31.5	25.8	16.9
4	41.2	21.6	26.8	100.0	32.7	19.3	22.6	27.2	18.5
5	35.5	49.9	43.9	32.7	100.0	34.7	34.4	38.2	33.7
6	18.0	28.8	42.4	19.3	34.7	100.0	48.2	33.2	19.0
7	17.5	30.4	31.5	22.6	34.4	48.2	100.0	34.7	30.1
8	21.8	33.6	25.8	27.2	38.2	33.2	34.7	100.0	16.5
9	17.9	19.1	16.9	18.5	33.7	19.0	30.1	16.5	100.0

*数字表示各小生境间物种相似度指数。

1. 次生林石缝；2. 次生林石沟；3. 次生林土面；4. 灌木林石缝；5. 灌木林石沟；6. 灌木林土面；7. 原生林石缝；8. 原生林石沟；9. 原生林土面

图 4-6　DGGE UPGMA 分析

4.2.2.4 多样性指数和丰富度分析

表4-2列出了各小生境真菌多样性指数、丰度和均匀度等数据。由表可知，多样性指数最高的是灌木林石沟，为4.32；最低的是原生林石沟，为3.75；丰度最高的是灌木林石沟，为76；最低的是原生林石沟，为43；各小生境间的均匀度指数都保持在1.00的水平，无任何差异。原生林各小生境间的多样性指数和丰度的大小顺序为石缝＞土面＞石沟；次生林各小生境间的多样性指数和丰度的大小顺序为石沟＞土面＞石缝；灌木林各小生境间的多样性指数和丰度的大小顺序为石沟＞石缝＞土面。

表4-2 不同小生境的真菌多样性指数、丰富度及均匀度

样品	Shannon 指数（H）	丰富度	均匀度（E_H）
原生林石缝	4.11	62	1.00
原生林石沟	3.75	43	1.00
原生林土面	3.90	50	1.00
次生林石缝	3.78	44	1.00
次生林石沟	4.00	55	1.00
次生林土面	3.98	54	1.00
灌木林石缝	4.10	61	1.00
灌木林石沟	4.32	76	1.00
灌木林土面	3.96	53	1.00

4.2.3 讨论

真菌对环境的变化很敏感，任何环境因子的改变都有可能导致其多样性的变化（张晶，2004）。不同小生境在水、热、光、土壤等方面异质性较高，对真菌多样性必定带来影响，这也是小生境间的真菌群落相似性比较低的原因。值得注意的是，通过系统发育树分析可以发现，同类小生境的真菌群落结构具有更高的相

似性，而在小生境细菌多样性的研究中，同一植被类型下的不同小生境具有相似性更高。这说明对真菌而言，小生境对其多样性和群落结构的影响要大于植被类型对其多样性的影响，这与细菌的研究结果是相反的。本章研究的结果表明，小生境带来的这种空间异质性对不同类群的微生物的影响程度是不一样的，对真菌影响的程度要比对细菌的影响更为显著，这种程度甚至超过了植被类型的影响。Sobek 等（2003）用修改的 FungiLog 法研究了 5 个随海拔高度升高的植被带和 6 个被干扰林业区的真菌群落，借此评价了真菌功能多样性与土壤有机质的关系，进而提出植被带碳源复杂性、输入的有机物质、同一系统碳源空间和时间差异性是与土壤真菌功能多样性有潜在相关性的三个重要因素。本章研究的结果显示喀斯特地区的土壤真菌功能多样性可能与同一系统碳源空间差异性的联系比其他两个因素更加紧密。

在对 DGGE 图谱进行直观分析时我们发现，不同小生境的真菌优势种群差异很大，说明扮演关键角色的种群已发生变化，这种变化说明不同小生境的物质循环过程尤其是初期分解侧重点有可能不同。所以，对一个单独的喀斯特植被类型或者生态系统而言，它里面的各种小生境通过微生物结构和优势种群的变化在整个物质循环中扮演着不同的角色。这种角色差异组合后从整体上可以形成互补关系，从而适应喀斯特地区特殊的微地貌多样性，最终保证整个生态系统功能的全面和稳定。朱守谦（2003）认为喀斯特生境是由多种小生境类型镶嵌构成的复合体，不同小生境有不同的生态有效性。这与我们上述观点是一致的，而且本章研究认为小生境间的这种生态有效性差异很有可能与微生物群落之间的差异联系紧密。

同一植被类型下的不同小生境在多样性指数和丰度上差异显著，说明小生境带来的空间异质性不仅在群落结构上影响真菌多样性，在物种丰度上也有显著影响。而且这种差异程度和变化趋势在不同植被类型中的表现是不一样的，说明同类小生境在不同的植被类型中生态位或重要性不一样，以后在进行喀斯特生态系统保护和石漠化恢复时不仅要注重小生境的作用，更要考虑小生境在不同恢复阶段中的生态有效性的差异。

4.3 喀斯特小生境土壤微生物功能多样性

4.3.1 材料与方法

4.3.1.1 研究地概况

见第 2 章。

4.3.1.2 样地调查

见第 2 章。

4.3.1.3 样品采集

详见第 2 章。样品过 2 mm 筛以保证充分混合均匀，然后迅速装入保温冷藏箱带回实验室 4℃冰箱保存，Biolog 实验在采样后最短时间内进行。采样时间为 2009 年 8 月。

4.3.1.4 Biolog 功能多样性测定

同第 5.1 节。

4.3.1.5 数据处理与统计

同第 5.1 节。

4.3.2　结果与分析

4.3.2.1　碳源平均颜色变化率（AWCD）

平均颜色变化率（AWCD）反映土壤微生物活性，即利用单一碳源能力的一个重要指标，在一定程度上反映了土壤中微生物种群的数量和结构特征（Z abinski and Gannon，1997）。AWCD 值越大，表明细菌密度越大、活性越高；反之，细菌密度越小、活性越低（Haack et a1.，1995）。对同一样地的不同小生境类型的 AWCD 值进行了比较，图 4-7 反映了以上比较结果。由图可知，原生林石缝、石沟和土面三类小生境的 AWCD 值在整个培养周期基本重合，微生物活性没有显示出明显差异；次生林三类小生境的 AWCD 曲线在整个培养周期分离明显，微生物活性差异显著，表现为石沟＞土面＞石缝；灌木林三类小生境 AWCD 曲线分离明显，微生物活性差异显著，表现为土面＞石沟＞石缝。我们同时也对不同样地的同类小生境 AWCD 值进行了比较，由图 4-7 可知，石缝小生境的三条 AWCD 曲线分类明显，微生物活性表现为原生林＞次生林＞灌木林；石沟小生境三条 AWCD 曲线分类也明显，微生物活性表现为次生林＞原生林＞灌木林；土面小生境的微生物活性表现为原生林＞次生林≥灌木林。

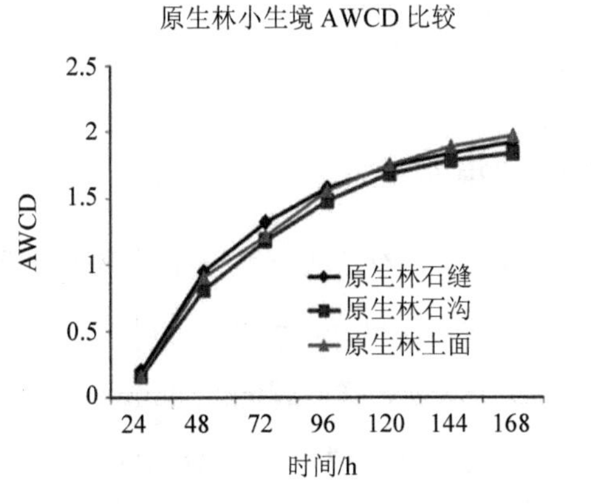

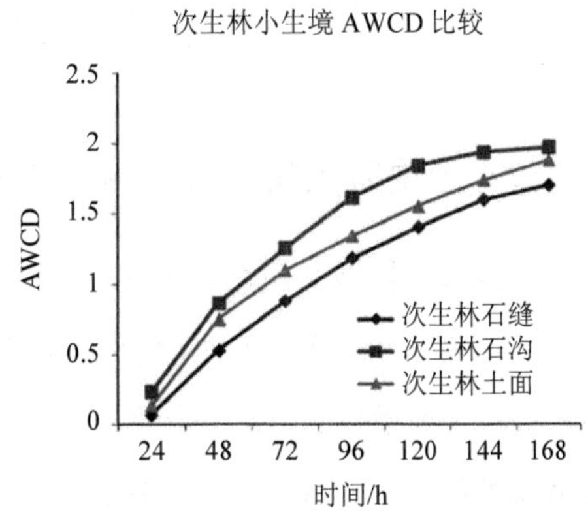

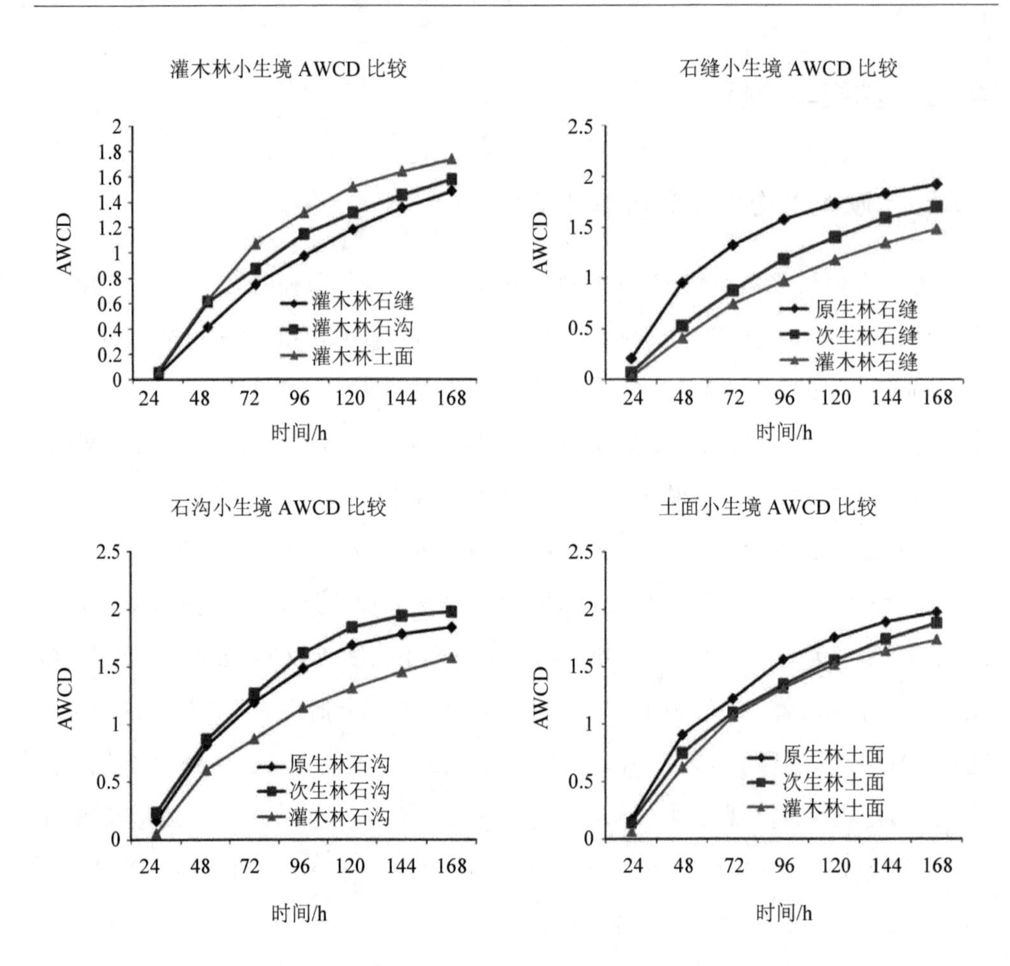

图 4-7 AWCD 随培养时间的变化曲线及各样品比较图

4.3.2.2 土壤微生物群落代谢功能多样性指数分析

Shannon 指数表示在颜色变化率一致的情况下，整个生态系统土壤微生物群落利用碳源类型的多少，即功能多样性。生态系统的 Shannon 指数值越大，表明该系统的土壤微生物群落功能多样性越高，反之，则多样性越低。McIntosh 均匀度指数包含两个因素：一是种类数目，即丰富度；二是种类中个体分布的均匀性。一般认为，种类数目越多，多样性越大，同时，种类之间个体分配的均匀性增加也会使多样性提高。Simpson 指数用于评估常见物种优势度（孟庆杰，2008）。表 4-3 列出了根据 96 h 数据计算的多样性指数结果。由表可知，在原生林样地，三类小生境的 Shannon 指数表现为石沟＞土面＞石缝；在次生林样地，三类小生境的 Shannon 指数表现为石沟＞土面＞石缝；在灌木林样地，三类小生境的 Shannon 指数表现为土面＞石沟＞石缝；整体而言，Shannon 指数最高的是次生林石沟（3.29），最低的是次生林石缝（3.13）。优势度指数方面，无论是同一样地的不同小生境还是不同样地的同类小生境，即调查的所有小生境都保持在 0.95～0.96，无显著差异。均匀度指数方面，在原生林样地，三类小生境的 McIntosh 多样性指数差异显著，表现为石缝＞土面＞石沟；在次生林样地，三类小生境的 McIntosh 多样性指数差异显著，表现为石沟＞土面＞石缝；在灌木林样地，三类小生境的 McIntosh 多样性指数差异显著，表现为土面＞石沟＞石缝。从整体而言，McIntosh 多样性指数最高的是原生林石缝（10.65），最低的是灌木林石缝（6.79）。

表 4-3　不同小生境的功能多样性指数、优势度及均匀度

样品	Shannon 指数（H）	优势度指数	均匀度指数
原生林石缝	3.19±0.04	0.955±0.002	10.65±0.71
原生林石沟	3.26±0.01	0.959±0.000	9.62±0.90
原生林土面	3.25±0.05	0.958±0.002	10.19±0.61
次生林石缝	3.13±0.04	0.951±0.002	8.39±0.60
次生林石沟	3.29±0.03	0.960±0.002	10.28±1.14
次生林土面	3.20±0.04	0.955±0.002	9.15±0.46
灌木林石缝	3.15±0.06	0.952±0.004	6.79±0.86
灌木林石沟	3.18±0.05	0.955±0.003	7.78±0.94
灌木林土面	3.21±0.02	0.956±0.001	8.79±0.56

4.3.2.3　土壤微生物碳源利用多样性的主成分分析

对培养 96 h 后的数据进行主成分分析，可以发现不同小生境在 PC1 和 PC2 上都表现出明显的分异，说明其土壤微生物对碳源利用的模式明显不同（图 4-8）。对不同小生境的碳源主成分得分系数进行方差分析（表 4-4），结果表明：在 PC1 上，灌木林石缝、石沟和土面三类小生境的土壤微生物代谢模式未表现出显著差异；在次生林样地，石缝和石沟，石沟和土面的代谢模式差异显著，而石缝和土面的代谢模式差异不显著；在原生林样地，石缝、石沟和土面都未表现出显著差异。在 PC2 上，灌木林石缝和土面差异显著，石缝和石沟以及石沟和土面之间差异都不显著；次生林样地石缝和土面差异显著，石缝和石沟以及石沟和土面之间差异也都不显著；原生林样地石缝、石沟和土面都未表现出显著差异。而不同样地的小生境之间无论是在 PC1 上还是在 PC2 上基本都表现出了显著差异。

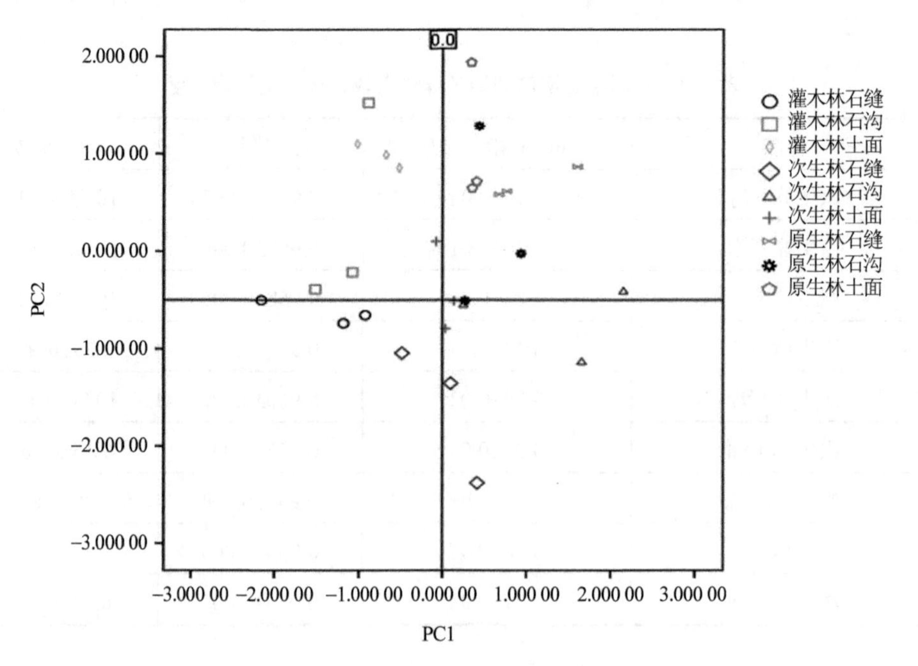

图 4-8　不同小生境的土壤微生物碳源利用类型的主成分分析

表 4-4　不同小生境主成分得分系数分析

因变量	(I) VAR00001	(J) VAR00001	平均差	标准差	显著性差异值	95%置信区间	
						下界	上界
PC1	1	2	−0.261 448 23	0.401 152 17	0.523	−1.104 237 7	0.581 341 2
		3	−0.681 637 03	0.401 152 17	0.106	−1.524 426 5	0.161 152 4
		4	−1.431 850 99*	0.401 152 17	0.002	−2.274 640 4	−0.589 061 5
		5	−2.777 569 82*	0.401 152 17	0.000	−3.620 359 3	−1.934 780 4
		6	−1.454 310 65*	0.401 152 17	0.002	−2.297 100 1	−0.611 521 2
		7	−2.435 332 38*	0.401 152 17	0.000	−3.278 121 8	−1.592 542 9
		8	−1.969 705 59*	0.401 152 17	0.000	−2.812 495 0	−1.126 916 2
		9	−1.790 408 57*	0.401 152 17	0.000	−2.633 198 0	−0.947 619 1
	2	1	0.261 448 23	0.401 152 17	0.523	−0.581 341 2	1.104 237 7
		3	−0.420 188 80	0.401 152 17	0.309	−1.262 978 2	0.422 600 6
		4	−1.170 402 76*	0.401 152 17	0.009	−2.013 192 2	−0.327 613 3
		5	−2.516 121 59*	0.401 152 17	0.000	−3.358 911 0	−1.673 332 1
		6	−1.192 862 42*	0.401 152 17	0.008	−2.035 651 9	−0.350 073 0
		7	−2.173 884 15*	0.401 152 17	0.000	−3.016 673 6	−1.331 094 7
		8	−1.708 257 36*	0.401 152 17	0.000	−2.551 046 8	−0.865 467 9
		9	−1.528 960 34*	0.401 152 17	0.001	−2.371 749 8	−0.686 170 9
	3	1	0.681 637 03	0.401 152 17	0.106	−0.161 152 4	1.524 426 5
		2	0.420 188 80	0.401 152 17	0.309	−0.422 600 6	1.262 978 2
		4	−0.750 213 96	0.401 152 17	0.078	−1.593 003 4	0.092 575 5
		5	−2.095 932 79*	0.401 152 17	0.000	−2.938 722 2	−1.253 143 3
		6	−0.772 673 62	0.401 152 17	0.070	−1.615 463 1	0.070 115 8
		7	−1.753 695 35*	0.401 152 17	0.000	−2.596 484 8	−0.910 905 9
		8	−1.288 068 56*	0.401 152 17	0.005	−2.130 858 0	−0.445 279 1
		9	−1.108 771 54*	0.401 152 17	0.013	−1.951 561 0	−0.265 982 1
	4	1	1.431 850 99*	0.401 152 17	0.002	0.589 061 5	2.274 640 4
		2	1.170 402 76*	0.401 152 17	0.009	0.327 613 3	2.013 192 2
		3	0.750 213 96	0.401 152 17	0.078	−0.092 575 5	1.593 003 4
		5	−1.345 718 83*	0.401 152 17	0.004	−2.188 508 3	−0.502 929 4
		6	−0.022 459 66	0.401 152 17	0.956	−0.865 249 1	0.820 329 8
		7	−1.003 481 39*	0.401 152 17	0.022	−1.846 270 8	−0.160 691 9
		8	−0.537 854 60	0.401 152 17	0.197	−1.380 644 0	0.304 934 8
		9	−0.358 557 58	0.401 152 17	0.383	−1.201 347 0	0.484 231 9

因变量	（I）VAR00001	（J）VAR00001	平均差	标准差	显著性差异值	95%置信区间	
						下界	上界
PC1	5	1	2.777 569 82*	0.401 152 17	0.000	1.934 780 4	3.620 359 3
		2	2.516 121 59*	0.401 152 17	0.000	1.673 332 1	3.358 911 0
		3	2.095 932 79*	0.401 152 17	0.000	1.253 143 3	2.938 722 2
		4	1.345 718 83*	0.401 152 17	0.004	0.502 929 4	2.188 508 3
		6	1.323 259 17*	0.401 152 17	0.004	0.480 469 7	2.166 048 6
		7	0.342 237 44	0.401 152 17	0.405	−0.500 552 0	1.185 026 9
		8	0.807 864 23	0.401 152 17	0.059	−0.034 925 2	1.650 653 7
		9	0.987 161 25*	0.401 152 17	0.024	0.144 371 8	1.829 950 7
	6	1	1.454 310 65*	0.401 152 17	0.002	0.611 521 2	2.297 100 1
		2	1.192 862 42*	0.401 152 17	0.008	0.350 073 0	2.035 651 9
		3	0.772 673 62	0.401 152 17	0.070	−0.070 115 8	1.615 463 1
		4	0.022 459 66	0.401 152 17	0.956	−0.820 329 8	0.865 249 1
		5	−1.323 259 17*	0.401 152 17	0.004	−2.166 048 6	−0.480 469 7
		7	−0.981 021 73*	0.401 152 17	0.025	−1.823 811 2	−0.138 232 3
		8	−0.515 394 94	0.401 152 17	0.215	−1.358 184 4	0.327 394 5
		9	−0.336 097 91	0.401 152 17	0.413	−1.178 887 4	0.506 691 5
	7	1	2.435 332 38*	0.401 152 17	0.000	1.592 542 9	3.278 121 8
		2	2.173 884 15*	0.401 152 17	0.000	1.331 094 7	3.016 673 6
		3	1.753 695 35*	0.401 152 17	0.000	0.910 905 9	2.596 484 8
		4	1.003 481 39*	0.401 152 17	0.022	0.160 691 9	1.846 270 8
		5	−0.342 237 44	0.401 152 17	0.405	−1.185 026 9	0.500 552 0
		6	0.981 021 73*	0.401 152 17	0.025	0.138 232 3	1.823 811 2
		8	0.465 626 79	0.401 152 17	0.261	−0.377 162 7	1.308 416 2
		9	0.644 923 81	0.401 152 17	0.125	−0.197 865 6	1.487 713 3
	8	1	1.969 705 59*	0.401 152 17	0.000	1.126 916 2	2.812 495 0
		2	1.708 257 36*	0.401 152 17	0.000	0.865 467 9	2.551 046 8
		3	1.288 068 56*	0.401 152 17	0.005	0.445 279 1	2.130 858 0
		4	0.537 854 60	0.401 152 17	0.197	−0.304 934 8	1.380 644 0
		5	−0.807 864 23	0.401 152 17	0.059	−1.650 653 7	0.034 925 2
		6	0.515 394 94	0.401 152 17	0.215	−0.327 394 5	1.358 184 4
		7	−0.465 626 79	0.401 152 17	0.261	−1.308 416 2	0.377 162 7
		9	0.179 297 03	0.401 152 17	0.660	−0.663 492 4	1.022 086 5

因变量	(I) VAR00001	(J) VAR00001	平均差	标准差	显著性差异值	95%置信区间	
						下界	上界
PC1	9	1	1.790 408 57*	0.401 152 17	0.000	0.947 619 1	2.633 198 0
		2	1.528 960 34*	0.401 152 17	0.001	0.686 170 9	2.371 749 8
		3	1.108 771 54*	0.401 152 17	0.013	0.265 982 1	1.951 561 0
		4	0.358 557 58	0.401 152 17	0.383	−0.484 231 9	1.201 347 0
		5	−0.987 161 25*	0.401 152 17	0.024	−1.829 950 7	−0.144 371 8
		6	0.336 097 91	0.401 152 17	0.413	−0.506 691 5	1.178 887 4
		7	−0.644 923 81	0.401 152 17	0.125	−1.487 713 3	0.197 865 6
		8	−0.179 297 03	0.401 152 17	0.660	−1.022 086 5	0.663 492 4
PC2	1	2	−0.939 587 46	0.502 345 62	0.078	−1.994 976 4	0.115 801 5
		3	−1.614 993 60*	0.502 345 62	0.005	−2.670 382 6	−0.559 604 6
		4	0.959 067 49	0.502 345 62	0.072	−0.096 321 5	2.014 456 5
		5	0.069 626 96	0.502 345 62	0.891	−0.985 762 0	1.125 015 9
		6	−0.231 822 35	0.502 345 62	0.650	−1.287 211 3	0.823 566 6
		7	−1.321 740 89*	0.502 345 62	0.017	−2.377 129 9	−0.266 351 9
		8	−0.884 400 27	0.502 345 62	0.095	−1.939 789 3	0.170 988 7
		9	−1.732 835 05*	0.502 345 62	0.003	−2.788 224 0	−0.677 446 1
	2	1	0.939 587 46	0.502 345 62	0.078	−0.115 801 5	1.994 976 4
		3	−0.675 406 15	0.502 345 62	0.195	−1.730 795 1	0.379 982 8
		4	1.898 654 94*	0.502 345 62	0.001	0.843 266 0	2.954 043 9
		5	1.009 214 42	0.502 345 62	0.060	−0.046 174 6	2.064 603 4
		6	0.707 765 11	0.502 345 62	0.176	−0.347 623 9	1.763 154 1
		7	−0.382 153 44	0.502 345 62	0.457	−1.437 542 4	0.673 235 5
		8	0.055 187 18	0.502 345 62	0.914	−1.000 201 8	1.110 576 2
		9	−0.793 247 59	0.502 345 62	0.132	−1.848 636 6	0.262 141 4
	3	1	1.614 993 60*	0.502 345 62	0.005	0.559 604 6	2.670 382 6
		2	0.675 406 15	0.502 345 62	0.195	−0.379 982 8	1.730 795 1
		4	2.574 061 09*	0.502 345 62	0.000	1.518 672 1	3.629 450 1
		5	1.684 620 57*	0.502 345 62	0.004	0.629 231 6	2.740 009 5
		6	1.383 171 26*	0.502 345 62	0.013	0.327 782 3	2.438 560 2
		7	0.293 252 71	0.502 345 62	0.567	−0.762 136 3	1.348 641 7
		8	0.730 593 33	0.502 345 62	0.163	−0.324 795 7	1.785 982 3
		9	−0.117 841 44	0.502 345 62	0.817	−1.173 230 4	0.937 547 5

因变量	（I）VAR00001	（J）VAR00001	平均差	标准差	显著性差异值	95%置信区间	
						下界	上界
PC2	4	1	−0.959 067 49	0.502 345 62	0.072	−2.014 456 5	0.096 321 5
		2	−1.898 654 94*	0.502 345 62	0.001	−2.954 043 9	−0.843 266 0
		3	−2.574 061 09*	0.502 345 62	0.000	−3.629 450 1	−1.518 672 1
		5	−0.889 440 52	0.502 345 62	0.094	−1.944 829 5	0.165 948 5
		6	−1.190 889 83*	0.502 345 62	0.029	−2.246 278 8	−0.135 500 9
		7	−2.280 808 38*	0.502 345 62	0.000	−3.336 197 4	−1.225 419 4
		8	−1.843 467 76*	0.502 345 62	0.002	−2.898 856 7	−0.788 078 8
		9	−2.691 902 53*	0.502 345 62	0.000	−3.747 291 5	−1.636 513 6
	5	1	−0.069 626 96	0.502 345 62	0.891	−1.125 015 9	0.985 762 0
		2	−1.009 214 42	0.502 345 62	0.060	−2.064 603 4	0.046 174 6
		3	−1.684 620 57*	0.502 345 62	0.004	−2.740 009 5	−0.629 231 6
		4	0.889 440 52	0.502 345 62	0.094	−0.165 948 5	1.944 829 5
		6	−0.301 449 31	0.502 345 62	0.556	−1.356 838 3	0.753 939 7
		7	−1.391 367 86*	0.502 345 62	0.013	−2.446 756 8	−0.335 978 9
		8	−0.954 027 24	0.502 345 62	0.074	−2.009 416 2	0.101 361 7
		9	−1.802 462 01*	0.502 345 62	0.002	−2.857 851 0	−0.747 073 0
	6	1	0.231 822 35	0.502 345 62	0.650	−0.823 566 6	1.287 211 3
		2	−0.707 765 11	0.502 345 62	0.176	−1.763 154 1	0.347 623 9
		3	−1.383 171 26*	0.502 345 62	0.013	−2.438 560 2	−0.327 782 3
		4	1.190 889 83*	0.502 345 62	0.029	0.135 500 9	2.246 278 8
		5	0.301 449 31	0.502 345 62	0.556	−0.753 939 7	1.356 838 3
		7	−1.089 918 55*	0.502 345 62	0.044	−2.145 307 5	−0.034 529 6
		8	−0.652 577 93	0.502 345 62	0.210	−1.707 966 9	0.402 811 1
		9	−1.501 012 70*	0.502 345 62	0.008	−2.556 401 7	−0.445 623 7
	7	1	1.321 740 89*	0.502 345 62	0.017	0.266 351 9	2.377 129 9
		2	0.382 153 44	0.502 345 62	0.457	−0.673 235 5	1.437 542 4
		3	−0.293 252 71	0.502 345 62	0.567	−1.348 641 7	0.762 136 3
		4	2.280 808 38*	0.502 345 62	0.000	1.225 419 4	3.336 197 4
		5	1.391 367 86*	0.502 345 62	0.013	0.335 978 9	2.446 756 8
		6	1.089 918 55*	0.502 345 62	0.044	0.034 529 6	2.145 307 5
		8	0.437 340 62	0.502 345 62	0.395	−0.618 048 4	1.492 729 6
		9	−0.411 094 15	0.502 345 62	0.424	−1.466 483 1	0.644 294 8

因变量	(I) VAR00001	(J) VAR00001	平均差	标准差	显著性差异值	95%置信区间	
						下界	上界
PC2	8	1	0.884 400 27	0.502 345 62	0.095	−0.170 988 7	1.939 789 3
		2	−0.055 187 18	0.502 345 62	0.914	−1.110 576 2	1.000 201 8
		3	−0.730 593 33	0.502 345 62	0.163	−1.785 982 3	0.324 795 7
		4	1.843 467 76*	0.502 345 62	0.002	0.788 078 8	2.898 856 7
		5	0.954 027 24	0.502 345 62	0.074	−0.101 361 7	2.009 416 2
		6	0.652 577 93	0.502 345 62	0.210	−0.402 811 1	1.707 966 9
		7	−0.437 340 62	0.502 345 62	0.395	−1.492 729 6	0.618 048 4
		9	−0.848 434 77	0.502 345 62	0.108	−1.903 823 8	0.206 954 2
	9	1	1.732 835 05*	0.502 345 62	0.003	0.677 446 1	2.788 224 0
		2	0.793 247 59	0.502 345 62	0.132	−0.262 141 4	1.848 636 6
		3	0.117 841 44	0.502 345 62	0.817	−0.937 547 5	1.173 230 4
		4	2.691 902 53*	0.502 345 62	0.000	1.636 513 6	3.747 291 5
		5	1.802 462 01*	0.502 345 62	0.002	0.747 073 0	2.857 851 0
		6	1.501 012 70*	0.502 345 62	0.008	0.445 623 7	2.556 401 7
		7	0.411 094 15	0.502 345 62	0.424	−0.644 294 8	1.466 483 1
		8	0.848 434 77	0.502 345 62	0.108	−0.206 954 2	1.903 823 8

1. 灌木林石缝；2. 灌木林石沟；3. 灌木林土面；4. 次生林石缝；5. 次生林石沟；6. 次生林土面；7. 原生林石缝；8. 原生林石沟；9. 原生林土面

注：*.平均差异在 0.05 水平上显著。

表 4-5 列出了与 PC1 和 PC2 显著相关的碳源名称及其载荷值。分析表明，与 PC1 显著相关的碳源中氨基酸共 5 种，糖类 4 种，聚合物 3 种，羧酸类和胺类各 2 种，双亲化合物 1 种，可以知道影响 PC1 的碳源主要是氨基酸、糖类和聚合物。与 PC2 显著相关的碳源中糖类共 6 种，氨基酸 1 种，聚合物 1 种，羧酸类 1 种，可以认为影响 PC2 的碳源主要是糖类。综上所述，使小生境土壤微生物代谢模式产生分异的碳源主要是糖类、氨基酸和聚合物。

表 4-5 PC1 和 PC2 显著相关的主要碳源

碳源类型（PC1）	碳源名称	载荷值	碳源类型（PC2）	碳源名称	载荷值
糖类	*D*-半乳糖酸γ-内酯	0.750	糖类	β-甲基-*D*-葡萄糖苷	0.614
氨基酸类	*L*-精氨酸	0.719	糖类	*D*-半乳糖酸γ-内酯	0.553
羧酸类	*D*-半乳糖醛酸	0.454	氨基酸类	*L*-精氨酸	0.383
氨基酸类	*L*-天门冬酰胺	0.448	聚合物类	吐温 40	0.404
聚合物	吐温 40	0.566	糖类	*N*-乙酰-*D* 葡萄糖氨	0.648
糖类	*i*-赤藓糖醇	0.435	糖类	*D*-纤维二糖	0.443
氨基酸类	*L*-苯丙氨酸	0.776	糖类	α-*D*-乳糖	0.476
聚合物	吐温 80	0.649	糖类	*D*,*L*-α-磷酸甘油	0.626
糖类	*D*-甘露醇	0.523	羧酸类	*D*-苹果酸	0.502
双亲化合物	4-羟基苯甲酸	0.596			
氨基酸类	*L*-丝氨酸	0.598			
聚合物	肝糖	0.441			
羧酸类	*D*-葡糖胺酸	0.490			
氨基酸类	甘氨酰-*L*-谷氨酸	0.698			
胺类	苯乙胺	0.507			
糖类	α-*D*-乳糖	0.441			
胺类	腐胺	0.688			

4.3.3 讨论

在三个植被类型中，每个样地的三类小生境的代谢活性都有差异，这种差异在原生林中不太明显，而在次生林和灌木林中都达到了显著水平，总体来讲，喀斯特小生境所带来的微环境对土壤微生物活性产生了显著影响。在三个样地中，石缝的微生物活性均为最低，这可能主要与小生境的物理结构有关。石缝是一个相对封闭的环境，其开口小，物质堆积作用弱，不需要太强的微生物活性，只有这样才能保持石缝物质循环的平衡。而石沟和土面相对来讲环境开放，面积较大，凋落物堆积的量也大，加上排水性能较好，凋落物在腐烂过程中为生物提供了丰富的碳源，这些条件有利于微生物的生长，同时，为了保持物质循环的平衡，石沟和土面也需要更高的微生物活性。在对三个样地同类小生境的 AWCD 值进行比较时发现，三类小生境的变化趋势都基本保持在原生林小生境＞次生林小生境＞灌木林小生境的水平，这说明植被退化或逆向演替能够降低所有小生境的土壤微生物活性，而这种降低趋势会通过小生境组合的形式体现在整个生态系统的土壤微生物活性的降低上。通过生态演替对土壤微生物的活性影响结果可以证明这一点。

通过主成分分析我们发现，同一样地中的三类小生境代谢模式基本都没有表现出显著差异，而不同样地的同类小生境的代谢模式却产生了显著差异。结合 AWCD 数据分析，在同一样地中，不同小生境所带来的异质性对土壤微生物功能的影响主要体现在活性上，而这种差异很有可能是通过影响微生物的单一种群数量来体现的，而对微生物的群落结构影响就要小很多，因此其代谢模式变化也不大。不同样地对同类小生境的影响不仅体现在活性的改变，而且对其代谢模式也产生了显著影响，这说明植被类型的转变不仅改变了同类小生境微生物单一物种的数量，而且对群落结构的影响更大。在对小生境的细菌群落结构研究时发现，同一样地中的小生境相比于不同样地的同类小生境有更相似的群落结构，这就证实了推论。综上所述，植被类型对土壤微生物功能多样性的影响要大于小生境对其影响，这种差异是通过对土壤微生物遗传多样性和群落结构影响程度的不同表现出来的。

影响微生物多样性的因素很多，但对喀斯特地区而言，不同植被类型的最大差异就是凋落物的量和组成。俞国松（2011）对本章研究的几个样地凋落物组成做了详细研究，发现不同植被类型下的凋落物的量以及叶、枝、落花落果的组成比例上差异显著。凋落物是林地有机质的主要物质库和维持土壤肥力的基础，也是土壤微生物的能量和物质的来源，微生物与凋落物的分解作用对促进森林生态系统正常的物质生物循环和养分平衡十分重要（Balser，2002；Noah，2003）。凋落物的量和组成直接决定了有机质的量和结构，而有机质的量和结构是直接影响微生物活性和功能多样性的最主要因素（Saggar et al.，1999；Franzluebbers，2002）。

所以，在植被类型这种较大尺度上，微生物功能多样性主要受凋落物的量和组成的影响，其中对其功能产生主要分异作用的碳源很有可能是糖类、氨基酸类和聚合物。虽然同一植被类型下的小生境的群落结构相对不同样地的小生境更具相似性，但同一样地的小生境的群落结构还是表现出了差异，而这种差异转换成代谢模式时并不明显，说明不同小生境的异质性对群落结构的影响要明显大于对功能多样性的影响。在小生境这种微尺度上，微生物多样性的变化主要体现在结构多样性上，而小生境所带来的异质性还不足以对微生物的代谢模式产生显著影响，这一现象主要是因为同一植被类型下的小生境接纳凋落物的种类相同。

通过多样性指数分析发现，虽然小生境对微生物的功能多样性指数和优势度指数影响并不是很显著，但对功能均匀度指数来讲，无论是同一样地的不同小生境还是不同样地的同类小生境，差异都达到了极显著水平，说明不同小生境在微生物的分布上明显不同。刘玉杰（2011）和刘方（2008）的研究表明不同小生境的物理环境如土壤质地、团聚体组成等差异很大，微生物在土壤中主要依附于其团粒结构上，所以这种土壤物理环境的差异应该是造成微生物分布不同的主要影响因素。

4.4 小结与讨论

4.4.1 喀斯特小生境下的土壤微生物多样性水平

本书所研究的石缝、石沟和土面三类小生境都具有丰富的细菌遗传多样性、真菌遗传多样性和功能多样性，这一结果表明喀斯特小生境下的土壤微生物多样性处于较高水平。在小生境微地貌尺度下，土壤微生物仍然具有较高的多样性水平，说明小生境在物质循环、维持土壤质量和生态平衡方面具有重要作用。

4.4.2 喀斯特小生境对土壤微生物遗传多样性的影响

小生境对细菌和真菌的遗传多样性和群落结构都产生了影响。对同一个植被类型而言，不同小生境对细菌群落结构的影响（相似性 0.55 水平）要小于对真菌群落结构的影响（相似性 0.40 水平），这说明真菌对小生境空间异质性更加敏感。系统发育树分析表明，同一植被类型下的不同小生境细菌群落结构相比不同植被类型下的同类小生境具有更高的相似性，对于真菌而言，不同植被类型下的同类小生境相比同一植被类型下的不同小生境具有更高的相似性。这说明，对于细菌群落结构而言，植被类型的影响大于小生境对其影响，而对于真菌群落结构而言，小生境的影响要大于植被类型对其影响。有机质的含量和结构组成、土壤质地、土壤水分、土壤温度等因素都会影响土壤微生物的多样性（胡亚林，2006）。相同植被类型下的不同小生境在凋落物的成分组成上较为相似，但由于其物理结构导致小生境气候特征、土壤质地、水分条件等差异较大，不同植被类型下的同类小生境由于凋落物的不同在碳源的组成上差别较大，但是其物理结构比如空间大小、水分条件、空气条件、土壤质地更为相似，在可接受凋落物的量上也具有相似性（刘方，2008；杜雪莲，2010；廖洪凯，2010）。所以，在小生境微地貌尺度上，细菌群落结构主要受控于碳源的组成，而真菌的群落结构受控于碳源的量和其他土壤物理因素的综合作用。同时，由于同类小生境其物理环境导致光照条件、热量条件、水分的接受、贮存、蒸发等方面具有相似性，生长在同类小生境上的植物也具有类似的生活偏好。透光、较干燥的石缝环境中较多地生长了喜光旱生性植物；石沟荫蔽、湿润，较多地生长喜阴湿生性植物；土面面积开放度高，环境相对中和，多生长中性植物（刘方，2008）。真菌是与植物共生性最为紧密的一类微生物（Jeewon，2007），所以，同类小生境由于具有相同生活偏好的植物进一步影响了真菌群落结构，这可能也是同类小生境为什么具有更为相似的真菌多样性的重要原因之一。这一结果侧面反映了真菌在植物适应喀斯特环境中可能扮演着更加重要的角色。

4.4.3 喀斯特小生境对土壤微生物功能多样性的影响

小生境对微生物活性产生了显著影响，不管是不同小生境还是同类小生境差异都比较显著。通过主成分分析发现（图 4-8 和表 4-4），同一样地中的三类小生境代谢模式基本都没有表现出显著差异，而不同样地的同类小生境的代谢模式却产生了显著差异。结合 AWCD 数据分析，在同一样地中，不同小生境所带来的异质性对土壤微生物功能的影响主要体现在活性上，很有可能主要是通过影响微生物的单一种群的数量来体现这种差异，而对微生物的群落结构影响就要小很多，因此其代谢模式变化也不大。而不同样地对同类小生境的影响不仅体现在活性的改变，也对其代谢模式产生了显著影响，这说明植被类型的转变不仅改变了同类小生境微生物单一物种的数量，而且对群落结构的影响更大。在对小生境的细菌群落结构进行研究时发现同一样地中的小生境相对于不同样地的同类小生境而言具有更相似的群落结构，这就证实了推论。综上所述，植被类型对土壤微生物功能多样性的影响要大于小生境对其影响，而这种差异是通过对土壤微生物遗传多样性和群落结构影响程度的不同体现出来的。

4.4.4 对喀斯特小生境微生物生态有效性的讨论

不同的小生境在微生物遗传多样性、活性和代谢模式上都具有各自的特点，这种微生物多样性的差异会使不同的小生境在物质分解和能量流动方面产生变化，从而具有不同的微生物生态有效性。应该说，每个小生境通过微生物多样性的改变形成了不同的斑块功能，这些斑块功能组合在一起便形成了整个生态系统的功能。小生境微生物生态有效性的多样性促进了斑块功能的多样化，这种斑块功能多样化是对喀斯特地区高度空间异质性的一种适应，有利于整个生态系统物质循环和能量流动的复杂化和全面化。所以，喀斯特小生境的微生物生态有效性对于维持岩溶生态系统稳定和健康方面具有重要作用。李阳兵从土壤资源斑块的角度表达了相同的观点（李阳兵，2006）。

有研究提出应该加强对某一类小生境的利用（魏媛，2008；刘玉杰，2011）。本书的研究结果表明，小生境的微生物多样性在不同的植被类型下并没有表现出相同的变化趋势，不同的小生境都具有各自的微生物生态效应和生态位，多样性数据表明同类小生境的这种效应可能会随着植被类型的改变而发生变化。也就是说，小生境的这种斑块功能会随植被类型不同来进行自我调整和重新组合，同类小生境在不同植被类型里可能会具有不同的生态位。所以，在进行喀斯特生态系统调控时，一定要从生态系统功能的全面性和稳定性考虑，对任何小生境类型的斑块功能都不能忽视，对小生境的利用也要充分考虑植被类型的影响。

第5章

喀斯特地区丛枝菌根真菌遗传多样性

5.1　不同生态演替阶段下的丛枝菌根真菌遗传多样性

我国西南喀斯特地区处于世界三大喀斯特集中分布片区之一的东亚岩溶中心，它是我国南方、北方两大生态脆弱区（西南岩溶石山区、西北黄土高原干旱区）之一。喀斯特地区碳酸盐岩发育充分，特殊的地质背景决定了喀斯特生态系统的脆弱性和敏感性：地表、地下双重水文地质结构使地表干旱缺水、土被不连续、土壤富钙偏碱、缺磷氮等营养元素，这些限制因子造成植被生境严酷，生物量偏小，水、土、植物相互作用过程具有明显的脆弱性，最终表现为易受损和难恢复（李阳兵等，2006）。以石漠化为典型代表的生态退化问题已成为制约我国西南喀斯特地区可持续发展的重大生态环境问题，但由于防治理论和技术体系远远落后于实践需要等矛盾导致石漠化面积快速扩展的总体趋势并没有得到有效遏制。丛枝菌根真菌（*arbuscular mycorrhizal fungi*，AMF）能够提高植物的抗旱性，促进植物对营养元素尤其是磷的吸收，提高植物在逆境中的生长和定殖（李岩等，2010）。AMF 已被广泛地应用到退化或受损生态系统的恢复和重建当中（王立等，2010）。值得提出的是，AMF 的许多生态学作用与喀斯特生态系统的限制因子之间以及石漠化治理亟待克服的障碍之间都有着良好的耦合关系，因此 AMF 在提高喀斯特生态系统稳定性和石漠化治理实践中表现出很强的潜在利用价值。

AMF 的分布具有明显的地域性，喀斯特独特的地理单元特征必然会形成自己特有的 AMF 多样性。要想科学合理地利用 AMF 为喀斯特生态系统保护和石漠化治理服务，就要充分认识这一地区 AMF 的多样性特点和分布状况，对喀斯特地区的 AMF 多样性调查工作就显得极为重要，这是开展研究 AMF 工作的前提和基础。目前关于我国喀斯特地区 AMF 种质资源和多样性的研究较少，利用分子生物学方法进行研究的报道就更为少见。为了保证取样的代表性和广泛性，本章研究在我国西南喀斯特地区的中心地带贵州选取不同植被类型的样地，利用 PCR-DGGE 技术研究了 AMF 遗传多样性，旨在为丰富我国 AMF 菌种资源、筛选适合喀斯特地区的高效菌种及今后科学合理地利用 AMF 为喀斯特生态系统保护和石漠化治理奠定基础。

5.1.1 材料与方法

5.1.1.1 研究地概况

详见第 2 章。

5.1.1.2 样地选择和样品采集

详见第 2 章。

5.1.1.3 实验方法

1）提取土壤总 DNA

本章采用 Power Soil TM DNA Isolation Kit 的试剂盒提取土壤总 DNA。此方法能够保证提取的土壤 DNA 数量多，杂质少，是一种比较理想的土壤 DNA 提取方法。具体操作完全按照试剂盒提供的步骤进行。

2）Nested PCR 扩增目的片段

以提取的土壤总 DNA 为模板，运用 Nested PCR 技术进行扩增。扩增条件参考龙良鲲等（2005）利用的方法。所用引物均由上海生工生物工程技术服务公司合成（表 5-1）。

第一次 PCR：所用引物为真菌 18S rDNA 通用引物 GeoA2 和 Geo11，反应体系 25 μL，其中模板 1 μL，Master mix（promega，M712B）12.5 μL，引物各 1 μL，ddH$_2$O 9.5 μL。反应程序为 94℃下预变性 4 min，94℃ 1 min，54℃ 1 min，72℃ 2 min，30 个循环。最后 72℃延伸 7 min。4℃下保育。

第二次 PCR：第一次 PCR 产物 1∶100 稀释后（如电泳不见条带则不稀释）作模板，所用引物为 NS31-GC 和 AM1，反应体系同上。反应程序为 94℃ 2 min

预变性，94℃ 45 s，65℃ 1 min，72℃ 45 s，30 个循环，最后 72℃延伸 7 min。4℃保育。

第三次 PCR：第二次 PCR 产物 1∶100 稀释后作模板，所用引物为 NS31-GC 和 Glol，反应体系同上。反应程序为 94℃ 2 min 预变性，94℃ 45 s，55℃ 1 min，72℃ 45 s，30 个循环，最后 72℃延伸 7 min。4℃保育。

取每次扩增产物 4 μL，用 1.0%的琼脂糖凝胶在凝胶成像系统中检测结果。

表 5-1　Nested-PCR 引物

引物	序列	长度	来源
GeoA2	5′-CCAGTAGTCATATGCTTGTCTC-3′	1.8 kb	Schwarzott & Schusslre，2001
Geo11	5′-ACCTTGTTACGACTTTTACTTCC-3′		
AM1	5′-GTTTCCCGTAAGGCGCCGAA-3′	0.55 kb	Helgason et al.，1998
NS31 - GC	5′-TTGGAGGGCAAGTCTGGTGCC-3′		Simon et al.，1992
Glol	5′-GCCTGCTTTAAACACTCTA-3′	0.23 kb	Cornejo et al.，2004

注：NS31 - GC 的 5′端接 5′- CGCCCGGGGCGCGCCCCGGGCGGGGCGGGGGCACGGGGG - 3′序列。

3）变性梯度凝胶电泳（DGGE）分析遗传多样性

取第三次 PCR 产物 20 μL 用基因突变检测系统（Bio-Rad）进行 DGGE 分析。聚丙烯酰胺凝胶浓度为 8%（100%的变性剂为尿素 7 mol 和 40%的去离子甲酰胺），变性剂梯度范围 20%～55%。电泳条件：缓冲液为 1×TAE，80V 10 min 进胶，再在 60℃下 120V 电泳 10 h。电泳后采用硝酸银染色法对凝胶进行染色，然后用 Bio-Rad 公司凝胶成像系统进行分析。

4）DGGE 条带测序和序列分析

将 DGGE 图谱中的优势条带和特殊条带进行切胶回收。具体方法：用小刀切下目的条带，转入 0.5 mL 的灭菌离心管中，加入 12 μL ddH_2O，捣碎后 4℃放置过夜，然后 3 000 r/min 下离心 1 min，50℃水浴 30 min，再加入 20 μL ddH_2O，3 000 r/min 离心 1 min，50℃水浴 30 min，最后 12 000 r/min 下离心 1 min，取 10 μL 作模板进行 PCR 扩增。扩增引物为 NS31（不带 GC 发卡）和 Glol，反应体系 50 μL。PCR

扩增产物送北京六合华大基因科技股份有限公司进行测序。将测序结果与 Gene Bank 数据库进行 BLAST 在线比对。所测序列已全部提交 Gene Bank 数据库，登录号：HQ874634-HQ874645。

5.1.1.4 数据处理与统计

用 Bio-Rad QUANTITY ONE 4.4.0 软件对 DGGE 图谱进行分析，建立各样品 AMF 相似性的系统发育树图谱。计算多样性指数（H）、丰度（S）和均匀度指数（E_H）等指标（Luo et al.，2004）。公式等同第 3.1 节。

5.1.2 结果与分析

5.1.2.1 样品 DNA 的提取与 Nested PCR

用琼脂糖凝胶检测 DNA 提取效果，条带清晰明亮，提取效果良好，证明研究中所采用的 DNA 提取方法可以很好地提取出目的样品中的总 DNA。第一次 PCR 便扩增出比较清晰明亮的目的条带（1.8 kb），因此第二次和第三次扩增时分别将产物稀释 100 倍后再做模板，结果显示第二次和第三次 PCR 也都扩增出了目的条带（0.55 kb 和 0.23 kb），且效果良好。由此可见，Nested-PCR 可以很好地扩增出目标产物。第三次 PCR 获取特异性 AM 菌的 NS31-GC/Glol 区的片段大小为 230 bp，非常适合做 DGGE 分析（图 5-1 为第三次 PCR 效果图）。

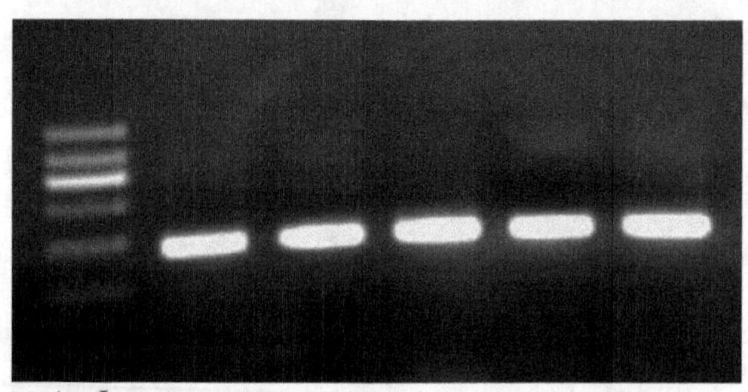

Marker Ⅰ:

图 5-1 第三次 PCR 效果图（分子标记为 Marker Ⅰ）

5.1.2.2　DGGE 图谱分析

变性梯度凝胶电泳（DGGE）在一般电泳的分子筛效应基础上又引入了变性剂效应，分辨率非常高。它是在非培养条件下研究微生物群落组成与动态变化的有力工具，也是目前在 AMF 群落研究中用得最多的一种方法（杨如意等，2005）。应用 DGGE 技术对第三次 PCR 产物进行了分离。由图 5-2 可知，DGGE 可以很好地分离样品中的 AMF。总体而言，喀斯特地区的各个样品中条带数量都很多，而非喀斯特地区样品条带数量明显较少，说明喀斯特地区不仅存在着丰富的 AMF，而且种类比非喀斯特对照样地更丰富。各样品中条带的强度和迁移率差别很大，有一些共有的条带，但更多的是特有条带，充分显示了样品中丰富的 AMF 多样性。

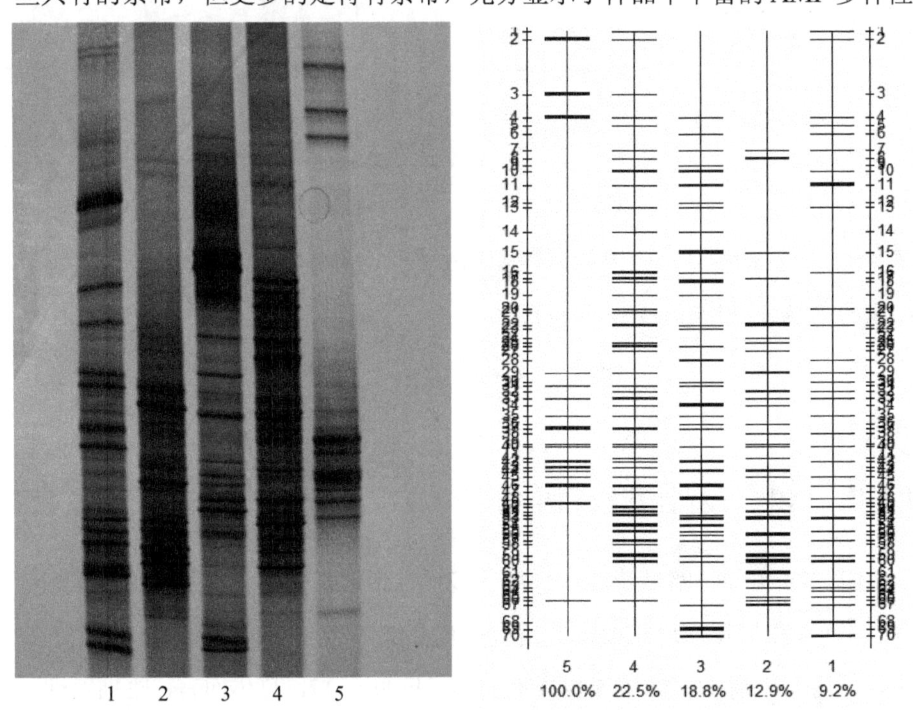

1. 次生林；2. 灌木林；3. 原生林；4. 灌丛草坡；5. 非喀斯特地区

图 5-2　不同样品丛枝菌根真菌的 DGGE 图谱及以及泳道比较图

5.1.2.3　AMF 群落相似性分析

由图 5-3 可知，样品的 AMF 群落结构总体聚为三类，原生林和次生林聚为一类，灌木林和草坡聚为一类，非喀斯特地区独自一类。但聚为一类的样地相似性也很低，仅为 0.33 和 0.34。这说明喀斯特地区不同植被类型间 AMF 群落结构差异显著，非喀斯特地区样地的 AMF 群落结构同喀斯特地区相比差异更大。

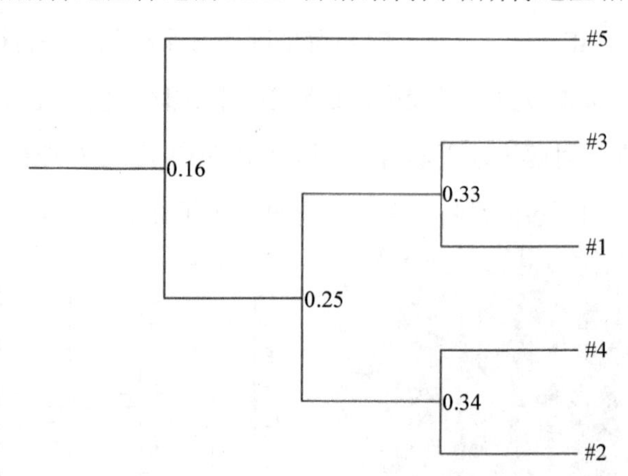

1. 次生林；2. 灌木林；3. 原生林；4. 灌丛草坡；5. 非喀斯特地区

注：图中数字为各小生境间物种相似度指数。

图 5-3　DGGE UPGMA 分析

5.1.2.4　AMF 多样性指数和丰富度分析

由表 5-2 可知，喀斯特四个样地的多样性指数都保持在 3.3 以上，平均值达到 3.5，而非喀斯特样地的多样性指数只有 2.68。喀斯特样地的丰富度保持在 33 以上，平均值达到 41，非喀斯特样地的丰富度只有 17。总体而言，喀斯特四个样地的多样性指数和物种丰富度要比非喀斯特样地高出很多。喀斯特样地的多样性指数和丰富度基本呈现出随植被退化而降低的趋势，均匀度没有表现出规律性变化。

表 5-2　不同样品的丛枝菌根真菌多样性指数、丰富度及均匀度

样品	Shannon 指数（H）	丰富度	均匀度（E_H）
原生林	3.56	41	0.958 646
次生林	3.42	37	0.920 946
灌木林	3.32	33	0.949 519
灌丛草坡	3.72	48	0.960 942
非喀斯特森林	2.68	17	0.945 922

5.1.2.5　基因测序结果分析

一般而言，DGGE 图谱中每一个条带代表一种菌种，条带的粗亮程度能反映样品中微生物的多少。条带清晰粗亮说明这种菌种在样品中含量丰富，扩增时模板基数高，条带灰度值高，通常也认为其是样品中的数量优势种（江云飞和蔡柏岩，2009）。根据各样品的 PCR-DGGE 指纹图谱，从每个泳道中随机选取 2～3 条清晰粗亮的优势条带进行切胶回收测序，共测得 11 条带。结果显示，所有喀斯特样地中的条带同源性最高的序列均为未培养的 AMF，且全部属于球囊霉属；非喀斯特样地所测得条带同源性最高的序列也为未培养的 AMF，但只能确定其属于球囊菌纲，见表 5-3。

表 5-3　DGGE 切胶条带序列比对结果

条带来源	最近相似种属	相似性/%
原生林	未培养的 Glomus 18S rRNA 部分基因（AM946889）	96
原生林	未培养的 Glomus 分离株 DGGE 带 123　14.c2.1.1.14c2　18S　rRNA 基因（HQ323622）	98
原生林	未培养的 Glomus 18S rRNA 部分基因（FR728582）	96
次生林	未培养的 Glomus 克隆 LES27＃C26 18S rRNA 基因（GU353743）	96
次生林	未培养的 Glomus 克隆 HDAYG10 18S rRNA 基因（GQ336515）	97
灌木林	未培养的 Glomus 克隆 HDALG14 18S rRNA 基因（GQ336527）	96

条带来源	最近相似种属	相似性/%
灌木林	未培养的 Glomus 克隆 FVDWSEP01EN26M 18S rRNA 基因（GU198558）	94
灌木林	未培养的 Glomus 克隆 D1 18S rRNA 基因（GU322390）	97
灌丛草坡	未培养的 18S rRNA 的 Glomus 基因（AB556934）	99
灌丛草坡	未培养的 Glomus 克隆 121_OE_NF12 18S rRNA 基因（FJ831588）	98
非喀斯特森林	未培养的肾小球菌部分 18S rRNA 基因（AM779208）	98

5.1.3 讨论

本章利用 PCR-DGGE 技术对喀斯特地区的 AMF 遗传多样性进行了初步研究，结果显示喀斯特地区 AMF 的多样性指数和物种丰富度要远高于非喀斯特对照样地。虽然本章只设置了一个非喀斯特对照样地，但在跟其他地区的同类研究结果比较中，如东南沿海、西双版纳热带次生林、西北干旱区、都江堰地区等，喀斯特地区的多样性指数和物种丰富度同样要高出很多（张英等，2003；张美庆等，1998；房辉等，2006；冀春花等，2007）。AMF 多样性受多种生态因子的影响（王发园和刘润进，2001）。导致喀斯特地区丰富的 AMF 多样性的原因可能有如下几点：①研究地属于中亚热带气候季风性湿润气候，生态系统组成和结构较复杂，植物种类多样性和结构多样性丰富（屠玉麟，1989；朱守谦，1993）。与同纬度的其他森林类型如中亚热带常绿阔叶林相比，其植物物种多样性水平更高（王周平等，2003）。一般而言，这种丰富的植物多样性有利于提高 AMF 的多样性（Kernaghan G，2005）。②相对于非喀斯特地区，喀斯特小生境类型丰富多样，空间异质性高，小生境所带来的微环境的多样性也可能是造成喀斯特地区整体 AMF 多样性较高的另一重要原因。地形的多样性是生物多样性的基础（Oliver L. Gilbert，1998）。张文辉等的研究也表明小生境异质性不仅能增加物种多样性，而且对改善系统功能具有很大意义（张文辉等，2004）。③AMF 具有好氧性，其孢子和菌丝都需要一定的通气条件才能生长发育。喀斯特地区的土壤以黑色石灰土为主，土壤黏粒含量低，粉粒和砂粒含量高，土壤颗粒间空隙比较大，通透性能良好，尤其有利于好氧微生物的活动（肖德安，2009）。所以，喀斯特地区的土壤结构更适合 AMF 生存。盖京萍（2000）亦发现在砂土、轻壤土中 AMF 孢子密度较大，黏土中较小。④矿质养分中，磷和 AMF 的关系最为密切。在一定范围内，较低的土壤速效磷会促进 AMF 的生长，相反，土壤速效磷含量过高往往会抑制 AMF 的生长、发育和功能（Tawaraya K et al.，1994）。研究表明这可能与高磷时寄主植物根系分泌物发生变化有关（Tawaraya K et al.，1996）。石灰性土壤中大部分磷与土壤中大量存在的游离钙结合，生成难溶性的磷酸钙盐，能被植物吸收利用的有效磷含量变低。本书喀斯特样地中土壤速效磷平均含量为 4.01 mg/kg，普遍低于 5 mg/kg 的缺磷临界值，这样一个缺磷的环境可能刺激了 AMF 的生长和代谢（肖德安，2009）。综上所述，喀斯特地区较高的 AMF 多样性与这一地区丰富的植物多样性以及特殊的生态环境特点是分不开的，更是与喀斯特生态系统长期相互选择的结果。

不同的土壤pH应该是导致喀斯特地区和非喀斯特对照样地AMF种类相似性差异巨大的主要原因之一。pH 是影响 AMF 多样性的重要因素，本章中喀斯特样地的土壤 pH 基本保持在 7.0 以上，属于偏碱性环境，非喀斯特对照样地土壤是酸性土，pH 在 4.5 左右（肖德安，2009）。pH 不同，AMF 的组成也可能不同（张美庆等，1999）。本章中四个不同植被类型的喀斯特样地的 AMF 结构相似性指数也很低，群落结构表现出显著差异，在土壤类型、气候条件和立地条件基本一致的情况下，地上植物种类组成差别较大应该是造成这种现象的主要原因，之前的研究也证实植物多样性对 AMF 多样性具有显著影响（Batten K M et al.，2006）。Sykorová 等（2007）在根系 18S rDNA 和 ITS 序列研究中亦证实了 AMF 的群落组成受到寄主植物种类的强烈影响。喀斯特地区 AMF 的群落结构会随着植被类型的变化发生显著变化。

通过对目的条带的基因测序显示，所有条带都是未培养和未命名的 AMF 菌种，说明喀斯特地区可能存在着大量未被发现的 AMF 种类，这对于丰富 AMF

种质资源和开发 AMF 生态功能均有非同寻常的意义。本章把喀斯特四个植被类型的样地作为整体考虑对象（为了使测序样品更具代表性），从每个植被类型中选取 2～3 条优势条带进行基因测序，而并未把是否是差异条带作为考虑因素，这样是为了保证测序样品选择的随机性，目的是了解喀斯特地区 AMF 的优势种都是哪些菌种。测序的 10 条带基因测序结果都属于球囊霉属，说明不同喀斯特植被类型中的数量优势种都是球囊霉属，另外，考虑到 DGGE 分析的是微生物群落中数量大于 1%的优势种群（Muyzer G et al.，1993），这在一定程度上可以说明球囊霉属就是喀斯特地区的优势菌属，至少在数量上我们可以这样认为。张美庆等（1994）也发现球囊霉属在碱性土壤中分布较多。球囊霉属的生态适应性很强，是很多生态系统的优势属。例如冀春花等（2007）的研究发现球囊霉属是西北干旱区的优势属，而且 pH 越高，球囊霉属所占比例也越大。研究结果表明球囊霉属极有可能是喀斯特地区的优势属，球囊霉属 AMF 在喀斯特生态系统中可能处于更重要的生态位，这一结果为筛选喀斯特地区的高效菌种提供了方向，在以后培养喀斯特地区高效生态恢复菌种的时候应当重点考虑球囊霉属的一些菌种。

丰富的遗传多样性是物种结构和功能多样性的前提和基础，因此喀斯特地区丰富的 AMF 遗传多样性意味着其可能存在着同样丰富的功能多样性（刘延鹏等，2008）。Kuhn（2001）和 Corradi 等（2006，2007）的研究相继证实 AMF 单孢后代内存在功能基因变异，这种差异被认为在菌根适应环境胁迫方面有潜在重要作用。Koch 等（2006）发现 G.intraradices 种群内的遗传变异使其表现型如根外菌丝密度产生明显的差异，造成了寄主植物对磷素吸收等方面的差异，从而促进或抑制寄主植物生长。何跃军等（2007）研究喀斯特适生植物构树接种 AMF 后的生长响应，结果发现接种能够显著促进构树幼苗的生长，而且宿主植物与菌种存在一定的选择性。因此，喀斯特地区丰富的 AMF 遗传多样性是与喀斯特生态环境长期协同进化的结果，对植物适应这一地区石生、干旱、低磷的环境具有重要意义，而且极有可能扮演了关键角色。在石漠化防治技术体系急需产生突破的情况下，AMF 所表现出来的潜在利用价值应该引起我们的重视，加强喀斯特地区 AMF 多样性调查和种质资源保护对从 AMF 这一全新角度系统探讨西南喀斯特地区植物的综合适应性和生态系统退化恢复机理都具有重要意义。

值得提出的是，本章研究只利用了分子生物学方法对喀斯特地区土壤中的 AMF 遗传多样性进行了初步研究，缺乏 AMF 孢子种类、数量以及与植物侵染方面的调查，以后应注意结合形态学的方法开展更全面深入的研究。

5.2　不同小生境下的丛枝菌根真菌遗传多样性

我国西南喀斯特地区碳酸盐岩充分发育，地表破碎度高，特殊的地质背景奠定了喀斯特生态系统明显的脆弱性和生境多样性。喀斯特地表、地下双重水文地质结构使地表干旱缺水，土壤富钙偏碱，缺磷氮等营养元素，这些限制因子造成植被生境严酷，生物量偏小，水、土、植物相互作用过程具有明显的不稳定性（李阳兵等，2006），稍有人为干扰便会发生以石漠化为典型代表的生态退化问题，石漠化已成为制约我国西南喀斯特地区可持续发展的重大生态环境问题。喀斯特地表基岩出露面积较大，且起伏多变，微地貌十分复杂，具有与常态地貌上明显不同的形态特征和分布特征，形成了以石面、石缝、石沟、土面等为主的多种小生境，这些小生境类型及其组合构成了喀斯特生境的多样性（周游游等，2003）。已有的研究表明，喀斯特小生境土壤存在明显的空间异质性，这些异质性不仅改变土壤养分和水分的空间分布，同时造成植物分布格局与生长过程的变化（刘方等，2008）。在喀斯特生态恢复研究中，小生境的地位和作用已引起越来越多学者的关注。

丛枝菌根真菌是一类能与绝大部分植物的根系形成互惠共生体的微生物，是目前发现的与植物生长关系最为密切的微生物之一（Smith and Read，1997）。研究表明，AM 真菌能够提高植物的抗旱性，促进植物对营养元素尤其是磷的吸收，提高植物在逆境中的生长和定殖（李岩等，2010）。以AM真菌主导的菌根共生系统已作为一种新型生物修复主体被广泛地应用到退化或受损生态系统的恢复和重建当中（王立等，2010）。值得提出的是，AMF的生态学作用与喀斯特生态系统的限制因子之间有着良好的耦合关系，在石漠化治理中表现出很强的潜在利用价值。AM真菌具有明显的地域性，喀斯特独特的地理单元特征必定会形成自己特有的AM真菌多样性。因此，要想科学合理地利用AM真菌为石漠化治理服务，就要充分了解喀斯特地区AM真菌的多样性和分布特征。目前，针对喀斯特地区AM真菌多样性的研究还很薄弱，小生境微地貌尺度上AM真菌多样性的特征如何还未见报道。本书以贵州茂兰国家自然保护区三种植被类型下的主要小生境为研究对象，利用巢式PCR和变性梯度凝胶电泳（DGGE）相结合的分子生物学方法研究了不同小生境下的AM真菌遗传多样性，意在为今后科学合理地利用AM真菌进行喀斯特生态系统保护和石漠化治理奠定理论基础。

5.2.1 材料和方法

5.2.1.1 研究地概况

详见第2章。

5.2.1.2 样地选择和样品采集

详见第2章。

5.2.1.3 实验方法

（1）提取土壤总DNA

同第5.1节。

（2）Nested PCR 扩增目的片段

同第 5.1 节。

（3）变性梯度凝胶电泳（DGGE）分析遗传多样性

同第 5.1 节。

（4）DGGE 条带测序和序列分析

测序方法同第 5.1 节。然后利用 NCBI-BLAST，将测序结果与 GeneBank 数据库进行序列比对分析，获取相近的基因序列。然后利用软件 ClustalX 1.83 和 Mega 4.1 中的邻接法（neighbor-joining）建立 18S rRNA 基因的系统发育树。所测序列已全部提交 GeneBank 数据库，登录号：JN153040-JN153048。

5.2.1.4 数据处理与统计

同第 5.1 节。

5.2.2 结果和分析

5.2.2.1 样品 DNA 的提取与 Nested PCR

用琼脂糖凝胶检测 DNA 提取效果，条带清晰明亮，提取效果良好，证明本书所采用的 DNA 提取方法可以很好地提取出目的样品中的总 DNA。本书中第一次 PCR 扩增用的是 AM 真菌通用引物，在第二次 PCR 中，以 AM 真菌特异性引物 AM1 将 AM 真菌 DNA 片段锁定为扩增对象，最后通过第三次 PCR 获取特异性 AM 菌的 NS31/Glol 区，NS31-GC/Glol 区的片段大小为 230 bp，非常适合做 DGGE 分析。在靶模板很少的情况下，通过 Nested PCR 的放大作用可很好地扩增出目标产物（图 5-4）。

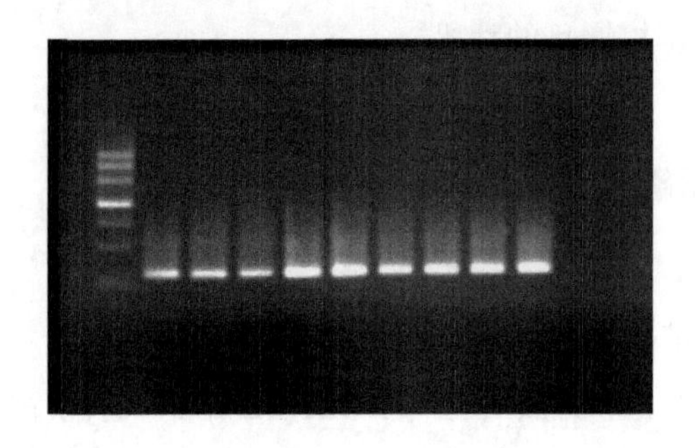

图 5-4 第三次 PCR 效果图（分子标记为 Marker Ⅰ）

5.2.2.2 DGGE 图谱分析

变性梯度凝胶电泳（DGGE）是在非培养条件下研究微生物群落组成与动态变化的有力工具，也是目前在 AM 真菌群落研究中用得最多的一种方法（杨如意等，2005）。由图 5-5 分析，DGGE 可以很好地分离样品中的 AM 真菌。每一个泳道中都含有数量较多的条带，说明所研究的每一个小生境中都含有丰富的 AM 真菌种类。各样品中条带的强度和迁移率差别很大，有一些共有的条带，但更多的是特有条带，每个样品的带谱表现出明显的差异，说明各个小生境的 AM 真菌的多样性差异显著。

5.2.2.3 AMF 群落聚类分析

图 5-6 是根据 UPGMA 算法绘出的样品间 AM 真菌群落相似性图谱。由图可知，各小生境间的 AM 真菌群落结构相似性指数非常低，灌木林石沟和灌木林土面表现出最高的相似性，但也仅为 0.45；其次为原生林石缝和原生林石沟，相似性指数为 0.41；次生林石沟和灌木林石缝也表现出相对较高的相似性，指数大小为 0.34。相似性指数分析进一步表明，不同小生境间的 AM 真菌多样性差异显著。

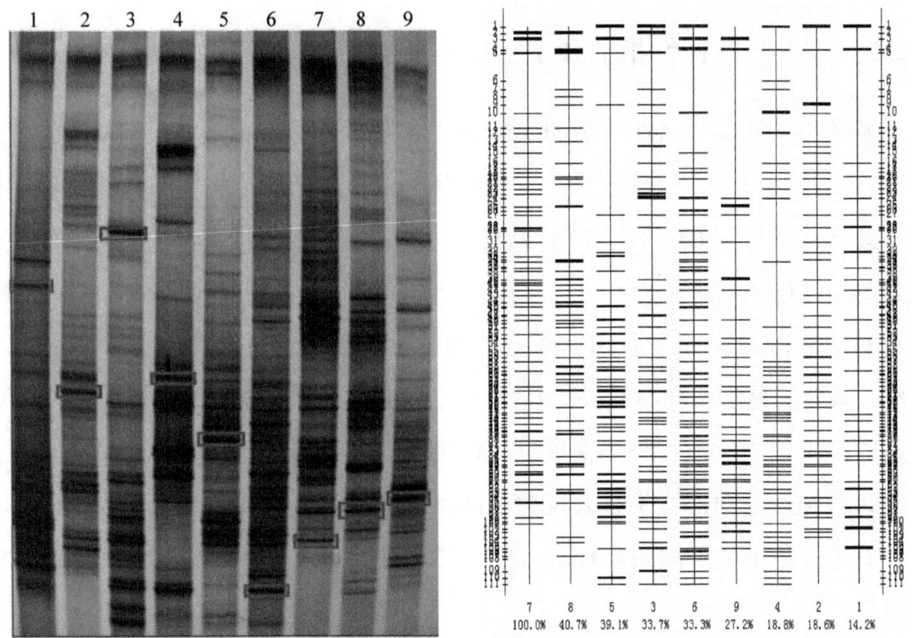

1. 次生林石缝；2. 次生林石沟；3. 次生林土面；4. 灌木林石缝；5. 灌木林石沟；6. 灌木林土面；7. 原生林石缝；8. 原生林石沟；9. 原生林土面

注：百分数是其余泳道与第 7 泳道结构的相似比。

图 5-5　不同样品丛枝菌根真菌的 DGGE 图谱以及泳道比较图

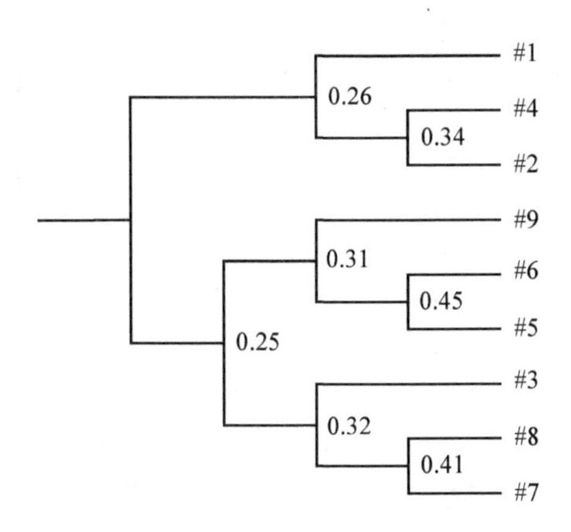

1. 次生林石缝；2. 次生林石沟；3. 次生林土面；4. 灌木林石缝；5. 灌木林石沟；6. 灌木林土面；7. 原生林石缝；8. 原生林石沟；9. 原生林土面

注：图中数字为各小生境间物种相似度指数。

图 5-6　DGGE UPGMA 分析

5.2.2.4 AMF 多样性指数和丰富度分析

由表 5-4 可知，各小生境的 AM 真菌多样性指数都很高，最高的小生境是灌木林土面（4.06），最低的是次生林石缝（3.16），所有小生境的 AM 真菌多样性指数平均值为 3.67。同一植被类型下的小生境多样性指数表现出不太相同的变化趋势，原生林表现为石缝＞石沟＞土面，次生林表现为土面＞石沟＞石缝，灌木林也表现为土面＞石沟＞石缝。物种丰富度最高的小生境是灌木林土面（68），最低的是次生林石缝（29），所有小生境的物种丰富度平均值为 48。同一植被类型下的小生境物种丰富度也表现出不太相同的变化趋势，原生林表现为石缝＞石沟＞土面，次生林表现为土面＞石沟＞石缝，灌木林表现为土面＞石缝＞石沟。各小生境间的物种均匀度没有表现出太大的差别，基本保持在 0.95 左右。

表 5-4　不同样品的丛枝菌根真菌多样性指数、丰富度及均匀度

样品	Shannon 指数（H）	丰富度	均匀度（E_H）
原生林石缝	3.89	57	0.96
原生林石沟	3.74	48	0.97
原生林土面	3.33	36	0.93
次生林石缝	3.16	29	0.94
次生林石沟	3.65	48	0.94
次生林土面	3.71	50	0.95
灌木林石缝	3.68	50	0.94
灌木林石沟	3.77	48	0.97
灌木林土面	4.06	68	0.96

5.2.2.5 基因测序结果分析

从每个泳道中挑取一条清晰粗亮的条带进行基因测序，将测序结果与GeneBank 数据库进行序列比对分析（表 5-5），将所测 9 条序列和相近的 9 条序列一起建立系统发育树（图 5-7）。由表 5-5 和图 5-7 可知，除原生林石缝和原生林石沟的最高相似性稍低以外，其余小生境与同源性最高序列的相似性都在 95%左右。所测得 9 个小生境的条带同源性最高的序列均是未培养的 AM 真菌菌种，而且都属于球囊霉属。系统发育树分析显示所测得序列都属于未培养的球囊霉属 AM 真菌。

表 5-5 DGGE 切胶条带序列比对结果

条带来源	登录号	最近相似种属	相似性/%
1 次生林石缝	JN153043	未培养的球囊霉分离株 DGGE 凝胶带 22-2 18S 核糖体 RNA 基因（HQ874639）	95
2 次生林石沟	JN153044	未培养的球囊霉克隆 Ap7 18S 核糖体 RNA 基因（EU350053）	95
3 次生林土面	JN153040	未培养的球囊霉克隆 FEA6HBX02GK5NA 18S 核糖体 RNA 基因（GU198582）	93
4 灌木林石缝	JN153045	未培养的 18S 核糖体 RNA 的球囊霉基因（AB556933）	97
5 灌木林石沟	JN153046	未培养的球囊霉 18S rRNA 部分基因（AJ563889）	96
6 灌木林土面	JN153047	未培养的球囊霉分离株 DGGE 凝胶带 22-2 18S 核糖体 RNA 基因（HQ874639）	91
7 原生林石缝	JN153048	未培养的球囊霉分离株 DGGE 凝胶带 22-1 18S 核糖体 RNA 基因（HQ874638）	88
8 原生林石沟	JN153041	未培养的球囊霉分离株 DGGE 凝胶带 11-2 18S 核糖体 RNA 基因（HQ874635）	86
9 原生林土面	JN153042	未培养的球囊霉克隆 OEF89 18S 核糖体 RNA 基因（EU340303）	99

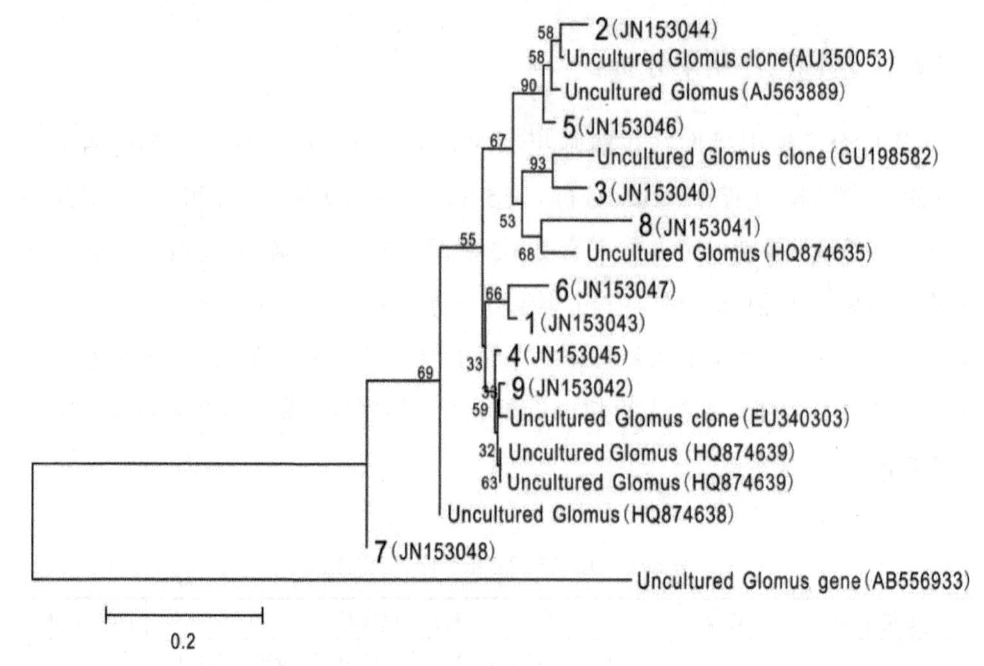

图 5-7 系统发育树分析

5.2.3 讨论

与传统的形态学方法相比，分子生物学能够更加快速、灵敏地反映 AM 真菌的遗传多样性，但是也存在成本高、取样量少等缺陷，因此，如何经济有效地反映样品中目标种群多样性是很值得讨论的问题。Renker 等（2006）比较了三种不同的方法对 AM 真菌多样性的影响，第一种是对重复样品分别进行 DNA 提取和 PCR 扩增，然后将 PCR 产物分别进行克隆，第二种是对重复样品分别进行 DNA 提取和 PCR 扩增，然后将 PCR 产物进行等量混合后再进行后续的克隆，第三种是从一开始就将 DNA 进行混合，然后再进行 PCR 与克隆，结果发现第二种方法不仅得到了与第一种方法同样水平的 AMF 多样性，而且可以节约大量的时间和成本，而第三种方法得到的 AM 真菌多样性最少。本章研究中样地同类小生境的数量非常多，一般都有数十甚至上百个，综合考虑后采取了对同类小生境样品混合后进行 PCR 的方法，根据 C.Renker K 等的研究，此方法有可能降低样品中 AM 真菌的多样性水平，所以在以后的研究中应考虑采用对重复样品分别进行 DNA 提取和 PCR，然后将 PCR 产物进行等量混合后再进行后续实验的方法，这样既可以尽量减少 DNA 提取时取样量相对野外样品采集量较少所带来的弊端，又可以节约后续实验的时间和成本，同时可以根据自己的样品实际情况进行尝试和比较。

AMF 种质资源丰富，生态适应性极强，在不同的生态系统尤其是像沙漠、矿山、工业污染区、盐碱土这样的逆境中都有分布，而且形成了各自不同的群落多样性，扮演着不可替代的重要角色。本章利用巢式 PCR 和 DGGE 相结合的分子生物学方法发现喀斯特地区同样存在着丰富的 AMF 遗传多样性，总体而言，各类小生境中都含有丰富的 AM 真菌遗传多样性，Shannon 指数和物种丰富度的平均值分别高达 3.67 和 48，远高于同类研究在东南沿海、西双版纳、都江堰等地区的结果（张美庆等，1998；张英等，2003；房辉等，2006）。研究地属于中亚热带季风性湿润气候，生态系统的组成和结构复杂，植物种类多样性和结构多样性较高（屠玉麟，1989；朱守谦，2003），一般而言，这种丰富的植物多样性有利于提高 AM 真菌的多样性（Kernaghan，2005）。地形的多样性是生物多样性的基础，因此这种小生境本身所带来的微环境的多样性也可能是造成喀斯特地区整体 AM 真菌多样性较高的另一原因。同时，研究地位于茂兰国家自然保护区，受人为干扰影响小，也有利于 AM 真菌多样性的保护和提高。

根据群落聚类结果进行分析，小生境间的 AM 真菌结构相似性指数很低，最高仅为 0.45，多样性指数和丰富度也表现出显著差异，说明小生境所带来的空间异质性对 AM 真菌的遗传多样性产生了显著影响。可能造成不同小生境间 AM 真菌多样性差异显著的主要原因分析如下：①不同小生境在光照条件、热量条件，水分的接受、贮存、蒸发等方面有较大的差异，它们对植物分布、生长、发育的制约程度不同，从而使不同的植物种类分别占领与其特性相应的小生境。石缝透光、较干燥，生长较多喜光、旱生性植物，石沟荫蔽、湿润，生长较多喜阴、湿生性植物，土面面积开放度高，环境相对中和，多生长些中性植物。Sykorová 等(2007)在根系 18S rDNA 和 ITS 序列研究中证实 AM 真菌群落的组成强烈受寄主植物种类的影响。所以，这种植物种类组成上的不同应该是导致不同小生境间 AM 真菌结构多样性差异巨大的主要原因之一。②受小生境地表微形态和微地貌空间变异的影响，小生境的成土条件和成土过程出现差异，形成的土壤在空间上的分布也出现明显的变化。刘方等对喀斯特小生境土壤的异质性进行研究，发现土壤性质的差异主要表现在黏粒、微团聚体、有效养分数量上的变化，而土壤质地、有机质和营养元素都显著影响 AM 真菌的多样性（刘方等，2008；张美庆等，1999）。例如彭思利（2010）的研究表明在 2～5 mm 大团聚体的形成过程中 AM 菌丝起到了决定性作用。而本书样地中不同小生境间的团聚体组成差异又恰好体现在这一粒级的团聚体上，说明这种差异可能与小生境间不同的 AM 真菌多样性有密切联系。如果能够证实它们之间的这种关系，那么 AM 真菌在提高喀斯特土壤生态系统稳定性和抗侵蚀方面将具有重要潜在利用价值。再如磷、有机质对 AM 真菌的发生和产孢都具有很大影响，不同小生境间的这些生态因子差异显著，所以导致了小生境间的 AM 真菌多样性指数和物种丰富度差异显著。但需要注意的是，不同植被类型下的小生境并没有表现出完全一致的变化趋势，原生林石缝最高，次生林和灌木林土面最高，说明喀斯特地区小生境 AM 多样性受多种环境因子的综合影响，而且这种综合作用的机理具有高度的复杂性和随机性。通过对不同植被类型下的同类小生境间的 AM 真菌多样性指数和丰富度进行比较，发现石缝和土面 AM 真菌多样性随着植被类型的变化发生了显著变化，而石沟的变化很小，这可能是因为植被类型的变化对不同小生境的微环境影响程度不同造成的，同时也说明石沟的环境对 AM 真菌的稳定性影响更大。

一般而言，DGGE 图谱中清晰粗亮的条带所代表的种在样品中的含量丰富，是样品中的优势种。从图谱 1 分析，9 个小生境中都含有一些清晰粗亮的优势条带，而且这些条带多是特异性条带，说明各个小生境中的优势种差异很大。在 9 个小生境中各选取 1 条灰度值高的特异性条带进行基因测序，将结果与 Genebank 数据库 BLAST 在线比对，同源性最高的序列各不相同，且都是一些未培养和未命名的 AM 真菌菌种，基因测序进一步说明 AM 真菌在跟小生境的相互选择中形成了各自不同的优势种。值得注意的是，所测的 9 条带都属于球囊霉属，从整体来看，球囊霉属极有可能是喀斯特地区 AM 真菌的优势菌属。球囊霉属生态适应性很强，是很多逆境生态系统的优势属，球囊霉属 AM 真菌在喀斯特生态系统中可能占据着更重要的生态位，以后培养喀斯特地区高效生态恢复菌种的时候应重点考虑球囊霉属的一些菌种。

喀斯特地区小生境含有丰富的 AM 真菌多样性，而且形成了各自不同的多样性结构特征，这是与喀斯特生态环境长期协同进化和相互选择的结果，意味着 AM 真菌在提高喀斯特地区植物抗岩溶干旱、耐土壤贫瘠能力和对石生、富钙环境适应力等方面可能有重要贡献。需要提出的是，本书只是利用分子生物学的方法对不同小生境土壤 AM 真菌多样性进行了调查，以后应结合形态学的方法对不同小生境的 AM 真菌的孢子种类、数量以及跟植物的侵染共生关系开展更全面深入的研究，这对保护开发喀斯特地区 AM 真菌种质资源以及从 AMF 这一全新角度系统探讨西南喀斯特地区植物的综合适应性和生态系统退化恢复机理都具有重要意义。

5.3　小结与讨论

5.3.1　喀斯特地区丛枝菌根真菌遗传多样性水平

通过 Nested-PCR 和 DGGE 相结合的分子生物学方法对喀斯特 4 个典型的不同植被类型以及 3 类典型的小生境类型下的 AMF 遗传多样性进行研究，结果都发现了 AMF 的多样性，其多样性不仅高于非喀斯特对照样地，同样高于同类研究在其他地区的结果。综合分析表明，喀斯特地区如此丰富的AMF遗传多样性是与这一地区气候特征、植被类型、微地貌特征以及土壤理化环境长期协同进化和相互选择的结果，在植物适应喀斯特干旱、低磷等特殊环境方面可能扮演着重要角色。

5.3.2 喀斯特生态演替对丛枝菌根真菌遗传多样性的影响

聚类分析表明，各植被类型的群落相似性处于0.3，生态演替使AMF的群落结构发生了显著变化。在土壤类型、气候条件和立地条件基本一致的情况下，地上植物种类组成差别较大应该是造成这种现象的主要原因，因为植物多样性显著影响着AMF的多样性（Batten K M et al.，2006；Sykorová，2007）。这一结果提醒我们，不同植被类型有着各自不同的AM真菌群落结构，这意味着它们之间的共生关系和相互选择性会随生态演替发生改变，在利用AMF进行喀斯特生态系统调控时，一定要注意演替对AMF的影响，使地上植被类型与地下AM真菌群落结构搭配更合理。

5.3.3 喀斯特小生境对丛枝菌根真菌遗传多样性的影响

根据群落聚类结果分析，小生境间的AM真菌结构相似性指数很低，为0.4，多样性指数和丰富度也表现出显著差异，虽然相对于植被类型的影响要小，但小生境带来的空间异质性对AM真菌的遗传多样性的影响仍是显著的。这一结果提醒我们，小生境的斑块异质性使AM真菌的多样性具有异质性，进而有可能造成AM真菌的功能斑块异质性，这种功能斑块异质性与喀斯特地区植物分布格局和生活习性可能具有紧密联系。不同植被类型下的小生境多样性指数和丰富度的大小关系并没有表现出完全一致的变化趋势，说明喀斯特地区小生境AM多样性受多种环境因子的综合影响，而且这种综合作用的机理具有高度的复杂性和随机性。

5.3.4　喀斯特地区丛枝菌根真菌的基因测序结果

对不同植被类型和不同小生境的条带进行随机测序后发现，所有条带都是未培养和未命名的 AMF 菌种，说明喀斯特地区可能存在着大量未被发现的 AMF 种类，这对于丰富我国 AMF 种质资源和开发 AMF 生态功能都有十分重要的意义。同时，不同植被类型和不同小生境的优势条带都属于球囊霉属，整体而言，喀斯特地区的优势菌属应该就是球囊霉属。这一结果为筛选喀斯特地区的高效菌种提供了可能的研究思路，在以后培养喀斯特地区高效生态恢复菌种的时候应重点考虑球囊霉属的一些菌种。

第6章

接种丛枝菌根真菌对喀斯特适生植物生理生态的影响

中国西南岩溶高原是全球最大的一片裸露碳酸盐岩地区，西南岩溶面积占西南土地面积的 27.36%（袁道先，2003）。岩溶生态系统特殊的地质二元结构使地表干旱缺水，土被不连续，土壤富钙偏碱，缺营养元素如磷，这些限制因子造成植被生境恶劣，生物量偏小，使水、土、植物相互作用过程具有明显的脆弱性，最终表现为易受损和难恢复（李阳兵，2006）。以石漠化为典型代表的生态退化已成为制约我国西南地区可持续发展的重大环境问题。对此，我国政府在 2001 年就把“推进岩溶地区石漠化综合治理”纳入国家的“十五”计划纲要，这对构筑长江和珠江两大流域上游的生态屏障和实现本地区持续发展都具有重要的现实意义。目前提出的石漠化治理模式有很多，虽然取得了一些效果，但石漠化面积快速扩展的总体趋势并没有得到有效遏制（宋林华，2000；梁亮，2007）。喀斯特地区表观上仍表现为人工造林成活率低、保存率低、林木生长迟缓、植被恢复速度慢等特点，但其实质是对石漠化发生机制与喀斯特生态系统稳定性机制不清楚，缺乏比较完善的石漠化防治理论和成熟技术体系从而导致这些现象（王世杰，2003；余龙江，2006）。

植物是生态恢复的主体，更是岩溶环境良性循环的重要驱动力（袁道先，2003）。如何提高石漠化生态恢复时植物的成活率并使其发展成稳定的植物群落是目前急需解决的技术难题，而解决这个问题的关键是要弄清楚喀斯特地区植物的适生机制，只有这样才能科学合理地研发适合这一地区的植被恢复技术。植物适应岩溶环境的机制已有报道，目前主要是从植物本身的生理生态角度解释这种机制（廖红，2003；李涛，2006）。前期研究表明丛枝菌根真菌在植物适应喀斯特生态环境方面很有可能扮演着重要甚至是关键角色（魏源等，2011a；2011b）。丛枝菌根真菌作为一类能与绝大部分植物的根系形成互惠共生体的重要微生物（Smith SE et al.，1997），它能够提高植物的抗旱性，促进植物对营养元素尤其是磷的吸收，提高植物在逆境中的生长和定殖（李岩等，2010）。考虑到 AMF 的生态学功能与喀斯特生态系统的限制因子以及石漠化治理亟待克服的障碍之间都有着良好的耦合关系，因此，AMF 在提高喀斯特生态系统稳定性和石漠化治理实践中表现出很强的潜在利用价值。目前已有很多成功地将 AMF 应用到退化或受损生态系统恢复和重建中的例子（王立等，2010）。因此，加强喀斯特地区丛枝菌根真菌与植物生长关系的研究不仅能从地下生态学的角度解释植物的适生机制，而且能为石漠化的植被恢复技术提供一条新的途径。

诸葛菜是一种较好的喀斯特适生植物，常被作为研究植物适应喀斯特环境的模式植物。本书在前期野外研究的基础上，选取球囊霉属的 6 种丛枝菌根真菌菌种，以诸葛菜为供试植物，以石灰土为培养基质，通过接种和非接种对比试验，以期进一步发现丛枝菌根真菌与喀斯特植物适生性的关系，并筛选出适合喀斯特地区的高效菌种，从而为 AMF 在石漠化治理中的应用奠定理论基础。

6.1 接种丛枝菌根真菌对诸葛菜生长效应的影响

6.1.1 材料与方法

6.1.1.1 供试材料

（1）菌种

选用 6 种 AMF 菌种作为供试菌种，均为球囊霉属。菌种由贵州大学江龙教授提供，来源为北京市农林科学院 AMF 菌种资源保护库。菌种详细信息见表 6-1。

表 6-1 供试菌种详细信息

菌种代号	菌种名称	
BEG-141	*Glomus.intraradices*	根内球囊霉
BEG-167	*Glomus.mosseea*	摩西球囊霉
BEG-168	*Glomuse.etunicatum*	幼套球囊霉
BEG-193	*Glomus.intraradices*	根内球囊霉
GM	*Glomus.mosseea*	摩西球囊霉
GI	*Glomus.intraradices*	根内球囊霉

（2）植物种子和土壤

供试植物为喀斯特适生植物诸葛菜，种子由中国科学院贵阳地球化学研究所吴沿友研究员提供。土壤基质为喀斯特石灰土，于 2011 年 7 月取自贵阳花溪区，土壤基本理化性质见表 6-2。种子灭菌是将诸葛菜种子在 10%的双氧水内浸泡 20 min，用无菌水冲洗 3 次。土壤过筛后去除动植物残体、石块、根系等杂物，将土壤平铺于塑料布上，用 37%的甲醛溶液均匀撒浇，密封两天，然后铺开晾晒 3～5 天备用。

表 6-2　供试土壤基本理化性质

	pH	有机质/（g/kg）	全氮/（g/kg）	全磷/（g/kg）	全钾/（g/kg）	碱解氮/（mg/kg）	有效磷/（mg/kg）	速效钾/（mg/kg）	交换性钙/（mg/kg）
石灰土	7.65	30.48	1.47	0.445	10.18	78	0.8	220	4 033

6.1.1.2　研究方法

（1）接种和培养

实验分为接种组和对照组（不接种 AM 菌，CK）2 种处理，将灭菌基质按 3 kg/盆装入塑料花盆。①接种组：称取以上菌种接种剂 BEG-141、BEG-167、BEG-168、BEG-193、GM、GI 各 20 g，均匀平铺于装好土的盆内，撒上诸葛菜种子，然后铺上疏松表土，每个处理 7 个重复。②对照组：同样称取各菌种 20 g，将菌种在 0.14 MPa，124～126℃灭菌 20 min 后均匀铺于灭菌土上，再将各未灭菌菌剂称取 20 g 分别加入 200 mL 无菌水浸泡 10 min 后用双层滤纸过滤，分别取其滤液 10 mL 加于灭菌接种物上，然后播入灭菌诸葛菜种子，覆盖灭菌土以作为单独接种对照。每个处理 7 个重复。将各处理放入温室进行培养，定期用无菌水浇灌，除草，保持温室内温度、湿度、光照适宜。

（2）测定方法

幼苗培养3个月后进行生长及生理指标的测定。①生物量测定：将幼苗单株取出，去其根系泥土，洗净，在105℃烘箱中烘干，采用称量法进行测定，根冠比=单株地下部分生物量/地上部分生物量。②菌根侵染率测定：酸性品红染色，然后用感染长度计算法测定菌根侵染率（Liu et al.，1994）。③净光合速率、蒸腾速率、气孔导度、水分利用效率测定：选取顶叶向下第三叶片（功能叶），采用美国CID公司生产的CI-310便携式光合测定系统直接进行测定，外加1000 lx稳定光源，在开路系统下测定。测定时外置–50L的气流稳定器以保证数据采集的稳定性。每个处理测定7个重复。

6.1.1.3 数据处理

所有数据处理均用Excel 2007完成。

6.1.2 结果与分析

6.1.2.1 各处理AM真菌对植株侵染情况

镜检根系发现，接种组均可观察到菌丝侵入根系和根内菌丝的生长（图6-1），接种组根系内均出现AM真菌结构，对照未见。说明本章实验中使用的6种AM真菌菌种均可以侵染诸葛菜根系，形成菌根。通过对侵染率的计算发现，侵染率因菌株种类不同而有所不同，6株AM真菌中GM侵染率最高，BEG-141、BEG-193、BEG-167、GI 4个菌种的侵染率相当，BEG-168的最低，说明不同菌种与诸葛菜根系的亲和力不同（表6-3）。

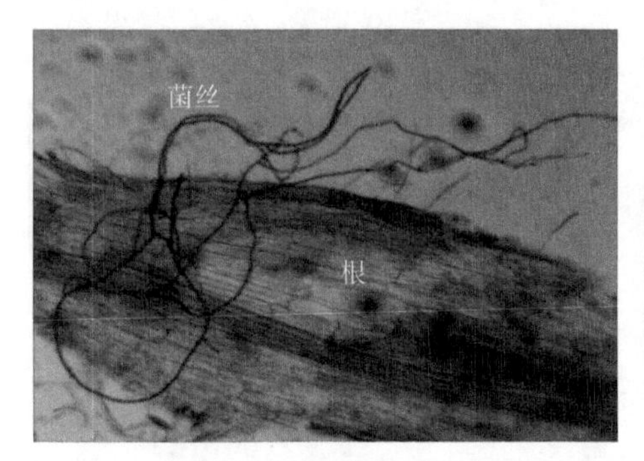

141：菌丝侵入根内并形成丛枝

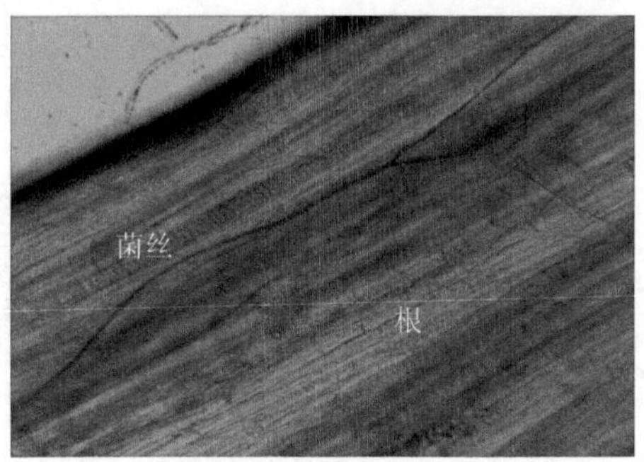

141：菌丝在根内的

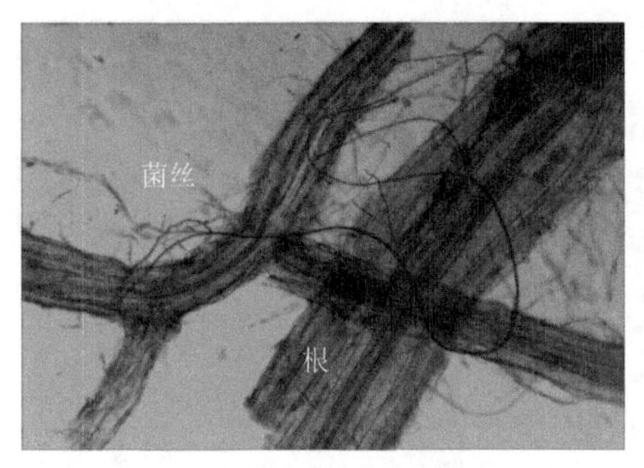

167：菌丝侵入根内

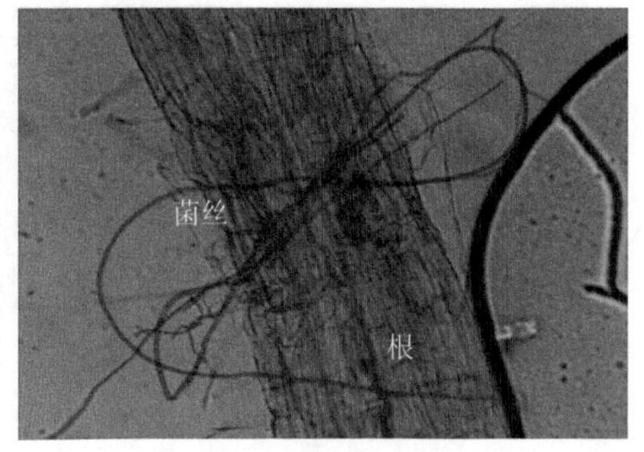

167：菌丝反复侵染根部

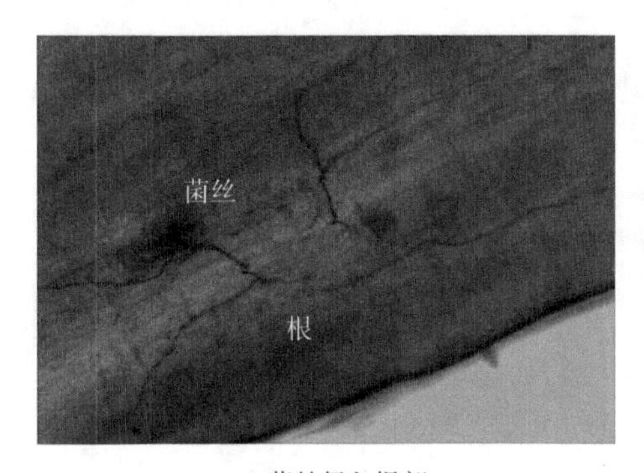

168：菌丝侵入根部

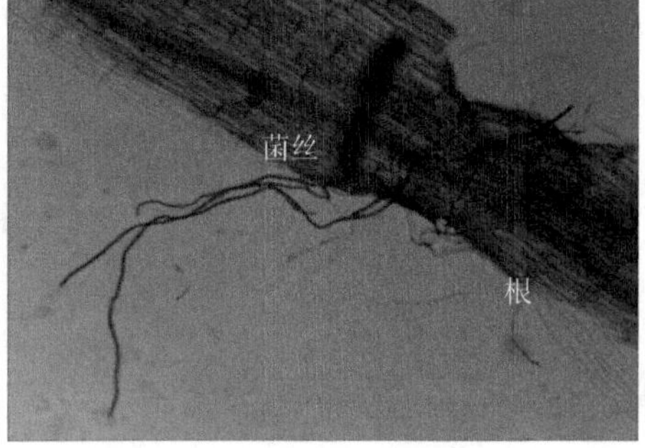

168：菌丝在根内情况

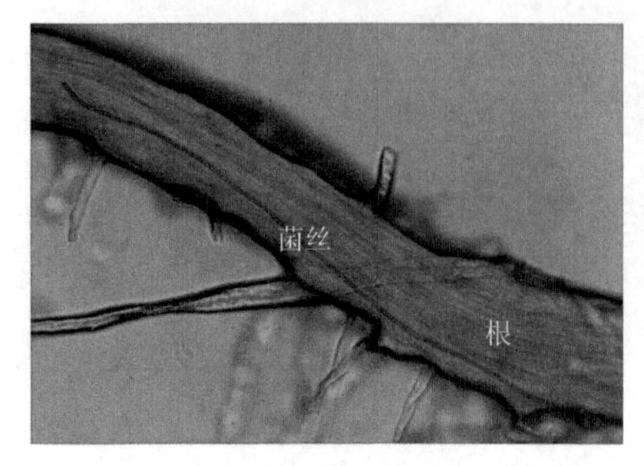

193：菌丝在根内情况

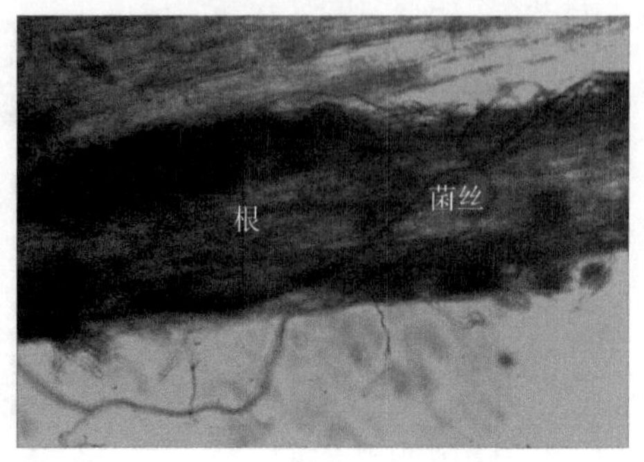

193：菌丝侵入根内

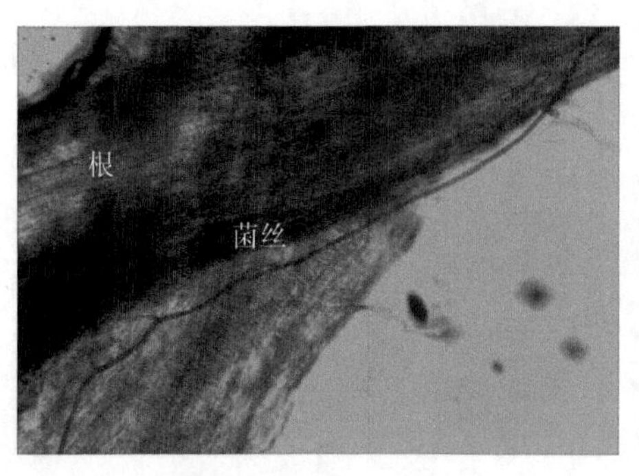

GM：菌丝在根内情况

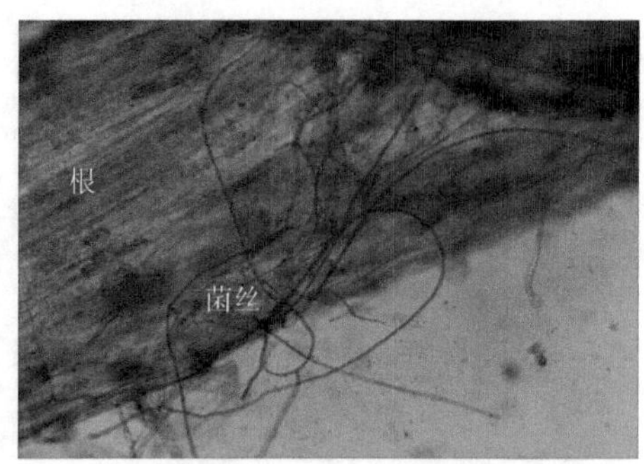

GM：菌丝侵入根部

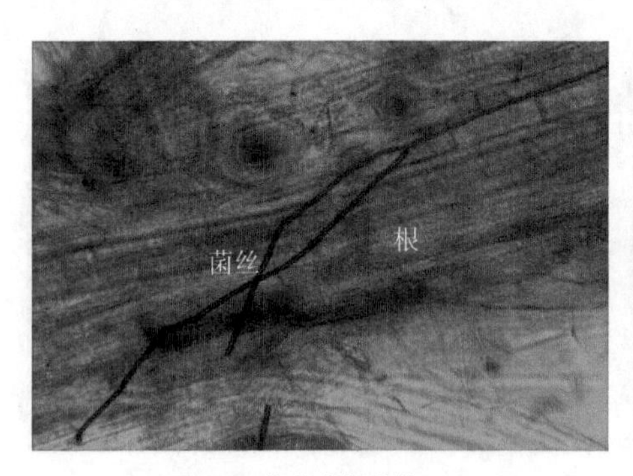

GI：菌丝在根内情况

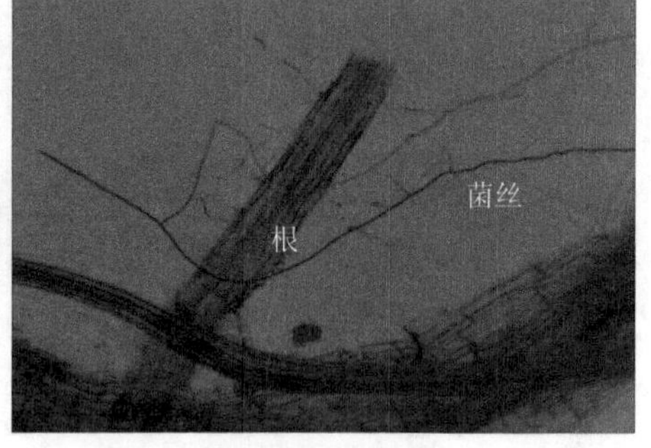

GI：菌丝侵入根部

图 6-1 各处理 AM 真菌侵染植株根部图

表 6-3　各处理侵染根系状况

菌种名称	侵染率
BEG-141	++
BEG-167	++
BEG-168	+
BEG-193	++
GM	+++
GI	++
CK	0

注："+" 越多表示侵染率越高。

6.1.2.2　植株生物量对接种 AM 真菌的响应

图 6-2 是各处理全株、地上和地下生物量对比图。由图可知，所有接种组的地上生物量都显著高于对照组，菌种 BEG-167、BEG-168、BEG-141、BEG-193、GM、GI 的地上生物量分别是对照组的 4.63 倍、2.95 倍、2.20 倍、4.75 倍、3.53 倍、5.07 倍。从地上生物量的数值来看，接种组最高的是菌种 GI，为 1.40 g，最低的是菌种 BEG-168，为 0.66 g，所有接种组地上生物量的大小顺序为 GI＞BEG-167＞BEG-193＞GM＞BEG-141＞BEG-168，其中菌种 BEG-168 和 BEG-141 要明显小于其他 4 种菌种，而且与对照组的差异相比其他 4 种菌种也要小很多，这说明 BEG-168 和 BEG-141 对植株地上生物量的促进效应要小于其他 4 种菌种。对照组的地上生物量比较稳定，基本保持在 0.3 g 左右。

由图 6-2 可知，所有接种组的地下生物量都显著高于对照组，菌种 BEG-167、BEG-168、BEG-141、BEG-193、GM、GI 的地下生物量分别是对照组的 3.47 倍、2.52 倍、3.68 倍、6.19 倍、5.08 倍、5.28 倍。从地下生物量的数值来看，接种组最高的是菌种 BEG-193，为 0.47 g，最低的是菌种 BEG-168，为 0.18 g，所有接种组地下生物量的大小顺序为 BEG-193＞GM＞GI＞BEG-167＞BEG-141＞BEG-168，其中菌种 BEG-168 和 BEG-141 要明显小于其他 4 种菌种。对照组的地下生物量比较稳定，基本保持在 0.08 g 左右。

由图 6-2 可知，所有接种组的全株生物量均显著高于对照组，菌种 BEG-167、BEG-168、BEG-141、BEG-193、GM、GI 的全株生物量分别是对照组的 4.32 倍、2.85 倍、2.41 倍、5.08 倍、3.87 倍、5.12 倍。从全株生物量的数值来看，接种组最高的是菌种 GI，为 1.82 g，最低的是菌种 BEG-168，为 0.83 g，所有接种组全株生物量的大小顺序为 GI＞BEG-193＞BEG-167＞GM＞BEG-141＞BEG-168，其中菌种 BEG-168 和 BEG-141 要明显小于其他四种菌种，而且与对照组的差异相对其他 4 种菌种也要小很多，这说明 BEG-168 和 BEG-141 对植株全株生物量的促进效应要小于其他 4 种菌种。对照组的全株生物量比较稳定，基本保持在 0.35 g 左右。

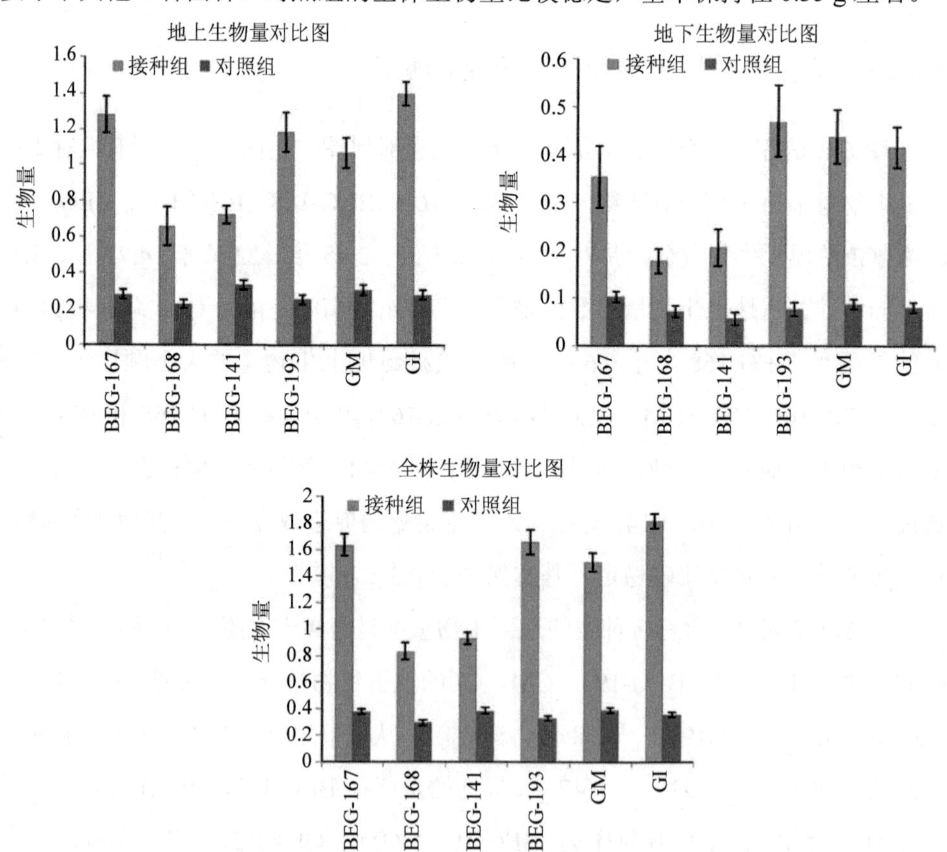

图 6-2　各处理地上、地下、全株生物量对比

6.1.2.3　植株菌根依赖性对接种 AM 真菌的响应

植物对 AM 菌根真菌的依赖性是反映植物与 AM 真菌相互关系的指标（林先贵，1989）。可表示为：菌根依赖性=（接种处理干质量–不接种处理干质量）/接种处理干质量×100%（冯固，1999；林先贵，1989）。通过生物量数据计算，植株对菌种 BEG-167、BEG-168、BEG-141、BEG-193、GM、GI 的依赖性依次为 76.9%、64.9%、58.5%、80.3%、74.2%、80.5%。植株对菌种 GI 的依赖性最大，对 BEG-141 的依赖性最小，植株对所有菌种依赖性的大小顺序为 GI＞BEG-193＞BEG-167＞GM＞BEG-168＞BEG-141。植株对 GI、BEG-193、BEG-167、GM 这 4 种菌种的依赖性基本都达到了 75%以上，且它们之间的差异并不明显，植株对菌种 BEG-168 和 BEG-141 的依赖性都在 65%以下，相对于以上 4 种菌种要明显低很多。说明植株对不同菌种的依赖性是有差异的，而且这种差异在不同的菌种间是很明显的。

6.1.2.4　植株根冠比对接种 AM 真菌的响应

菌种 BEG-167、BEG-168、BEG-141、BEG-193、GM、GI 接种组的根冠比数值依次为 0.28、0.27、0.28、0.40、0.41、0.30，对照组的数值依次为 0.37、0.32、0.17、0.30、0.28、0.29。其中菌种 BEG-141、BEG-193、GM 接种组的根冠比要明显大于对照组，说明其对地下生物量的促进效应相对地上生物量更明显；菌种 BEG-167、BEG-168 接种组的根冠比要比对照组小，说明其对地上生物量的促进作用要比地下生物量明显；菌种 GI 接种组的根冠比与对照组基本相等，说明其对地上生物量和地下生物量的促进作用相当。

6.1.2.5　接种 AM 真菌对诸葛菜净光合速率的影响

图 6-3 是各处理净光合速率对照图，由图可知，接种组的净光合速率都显著高于对照组，说明供试的 6 种 AM 真菌都能显著提高植株的净光合速率。菌种

BEG-167、GI、BEG-168、GM、BEG-141、BEG-193 的净光合速率分别是对照组的 3.21 倍、2.03 倍、2.21 倍、2.36 倍、2.64 倍、2.66 倍，从数值来看，接种组里面净光合速率最大的是 BEG-167，为 33.14 μmol/（m^2·s），最小的是 GI，为 20.94 μmol/（m^2·s）。CK 对照组的净光合速率是 10.33 μmol/（m^2·s）。

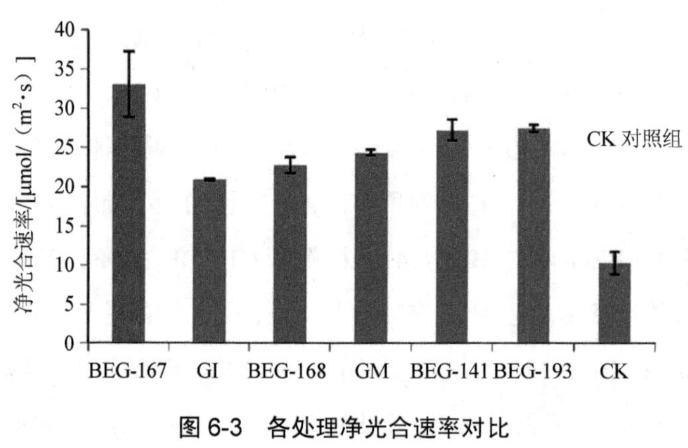

图 6-3 各处理净光合速率对比

6.1.2.6 接种 AM 真菌对诸葛菜蒸腾速率的影响

图 6-4 是各处理蒸腾速率对比图。由图可知，接种组比对照组的蒸腾速率都要高，菌种 BEG-167、GI、BEG-168、GM、BEG-141、BEG-193 的蒸腾速率分别是对照组的 3.48 倍、1.28 倍、1.22 倍、1.34 倍、1.89 倍、3.98 倍，可以看出，菌种 BEG-167 和 BEG-193 对植株蒸腾速率的提高非常明显，BEG-141 次之，而 GI、BEG-168 和 GM 相对于以上 3 个菌种对植株蒸腾速率的提高不是太明显，但也分别达到了 28%、22%和 34%。从数值来看，蒸腾速率接种组最高的是 BEG-193 处理，为 2.76 mol/（m^2·s），最低的是 BEG-168 处理，为 0.85 mol/（m^2·s）。CK 对照组的蒸腾速率为 0.69 mol/（m^2·s）。

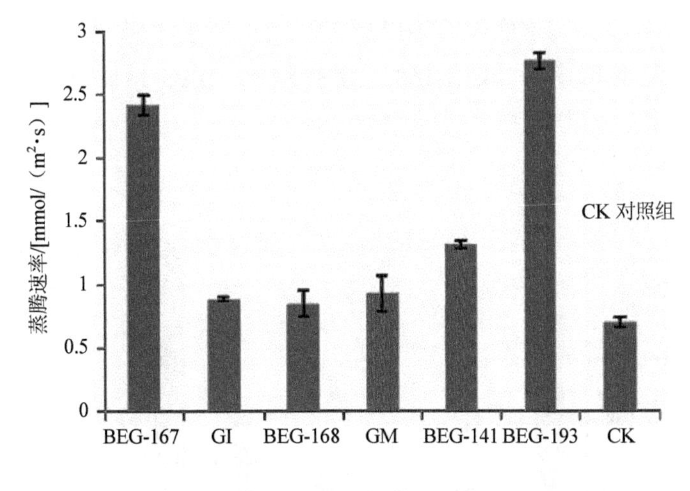

图 6-4　各处理蒸腾速率对比

6.1.2.7　接种 AM 真菌对诸葛菜气孔导度的影响

气孔导度能影响光合作用和蒸腾作用。图 6-5 是各处理下气孔导度对比图，由图分析，接种 AM 真菌后菌种 BEG-167、BEG-141 和 BEG-193 显著提高了植株的气孔导度，分别是对照组的 2.90 倍、1.38 倍、3.51 倍；而菌种 GI、BEG-168、GM 的气孔导度相比对照组略有下降，分别是对照组的 0.91 倍、0.88 倍、0.95 倍。接种组中气孔导度最大的是 BEG-193 处理，为 0.171 mmol/（m^2·s），最低的是 BEG-168 处理，为 0.042 mmol/（m^2·s）。对照组的气孔导度为 0.049 mmol/（m^2·s）。

6.1.2.8　接种 AM 真菌对诸葛菜水分利用效率的影响

图 6-6 是各处理水分利用效率比较图。由图分析，接种 AM 真菌后菌种 GI、BEG-168、GM 和 BEG-141 的水分利用效率值显著高于对照组，说明这 4 种菌种能够显著提高植株的水分利用效率，分别是对照组的 1.59 倍、1.82 倍、1.77 倍、1.40 倍。而菌种 BEG-167 和 BEG-193 的水分利用效率要低于对照组，分别是对照组的 0.91 倍和 0.88 倍，说明这两个菌种并不能提高植株的水分利用效率。

接种组中水分利用效率最高的是 BEG-168，最低的是 BEG-193。所有处理水分利用效率的大小顺序为 BEG-168＞GM＞GI＞BEG-141＞CK＞BEG-167＞BEG-193。

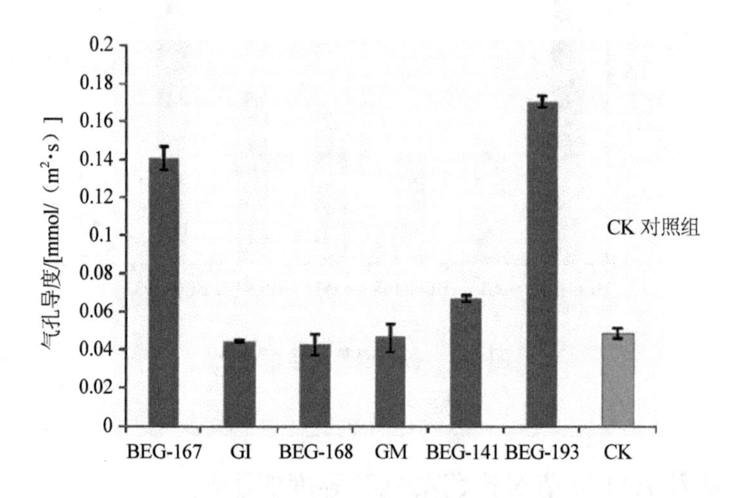

图 6-5 各处理气孔导度对比

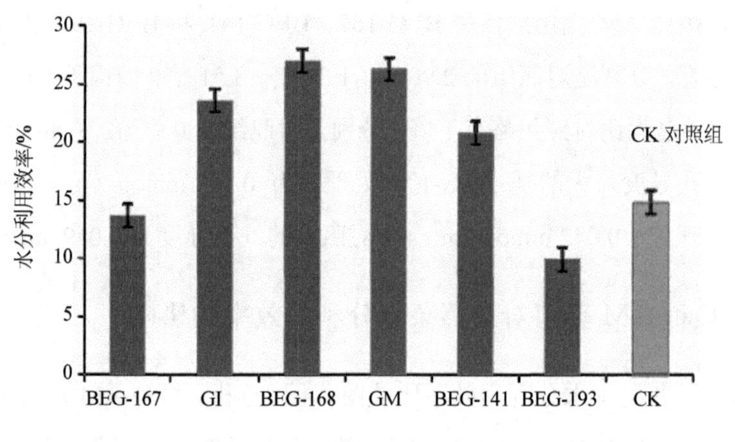

图 6-6 各处理水分利用效率对比

6.1.3 讨论

魏源等（2011a，2011b）通过对喀斯特地区野外丛枝菌根真菌进行调查发现，喀斯特不同植被类型和不同小生境中都存在着丰富的 AMF 多样性，而且要比非喀斯特对照样地高出很多，他们认为 AMF 在植物适应喀斯特生态环境方面可能扮演着重要角色，是植物适应这一地区较为严酷生境的重要方式之一。本书通过室内接种对比实验直接证明了 AM 真菌对喀斯特适生植物诸葛菜的生长有显著的促进作用，对全株生物量的促进效应达到了 3～5 倍。刘文科（2006）和刘邦芳（2006）用相同菌种在其他类型的土壤上进行了类似的实验，促进效果只有 1.4 倍左右。虽然供试植物是三叶草和玉米，但这恰恰说明了 AM 真菌对喀斯特植物的促进作用更大，本书也选择了酸性土作为培养基质进行对比，结果发现用同一菌种接种的植株在石灰土上要明显的比酸性土上长得好，而且酸性土接种组与对照组的差异也没有石灰土接种组与对照组差异明显，这进一步表明 AM 真菌与喀斯特植物的共生关系更为紧密，在喀斯特生态系统中的地位更加重要，是植物适应喀斯特地区特殊生态环境尤其是土壤环境的重要方式。

促进植株生物量的提高是应用菌根进行生态恢复的主要目的。本章实验供试的 6 种菌种都显著提高了植株生物量，但相比较而言，BEG-168 和 BEG-141 相比其他 4 种菌种的促进效应要小很多，这说明植物跟菌种间的共生关系存在差异，具有相互选择性，这从菌根依赖性指标也可以看出。所以，这提醒我们在利用 AM 真菌进行石漠化生态恢复时，首先要明确恢复植物和菌种间的依赖程度，选择高效组合，绝不能盲目搭配。

从根冠比的结果可以看出，有的菌种的根冠比高于对照组，有的则低于对照组，这说明不同的菌种对地上和地下生物量的促进作用的比例或者说效应是不同的，比如 BEG-141、BEG-193、GM 对地下生物量的促进效应要比对地上生物量的促进效应更明显，BEG-167 和 BEG-168 则相反。所以，在利用 AM 真菌进行生态恢复时，应当综合分析促进目的以及生物量的数据后再做搭配。比如本实验中

BEG-193、GM 不仅对地上生物量的相对促进效应高，而且对地下生物量的绝对促进效应也高，发达的根系对植物适应喀斯特野外特殊地质背景有重要帮助作用，所以从这一点考虑BEG-193和GM这两种菌种可以作为利用诸葛菜进行野外实际恢复时的重点选择菌种。

净光合速率体现的是植物对有机物的积累。对净光合速率数值进行分析发现，接种组显著高于对照组，说明AM真菌通过提高植物净光合速率以达到提高植株生物量的目的。但需要注意的是，不同菌种的净光合速率的大小顺序与植物全株生物量的大小顺序有很大差别，比如BEG-168和BEG-141这两个菌种的净光合速率相比GM、GI和BEG-193并不低，甚至略高，而生物量却要低很多，这说明AM真菌并不只是通过提高植物净光合速率这一种途径来提高植物生物量的，不同菌种对植物生物量的主要促进途径和促进机理也有可能不同。

从水分利用效率数值来看，BEG-167和BEG-193的水分利用效率要比对照组低，而且差异比较明显，但是其生物量显著高于对照组，这是因为实验是在温室内正常水分供应条件下进行的，水分不是限制因子，在保证水分供应的前提下，BEG-167和BEG-193能够充分提高植株生物量，但由于其水分利用效率较低，所以在干旱胁迫条件下BEG-167和BEG-193的作用可能不明显。相应地，GM、GI、BEG-141和BEG-168提高了植物的水分利用效率，有利于提高植株的抗旱性，在干旱胁迫条件下对植株的促进效应可能更高。总体而言，接种AM真菌提高了诸葛菜的水分利用效率，有利于其适应喀斯特地表干旱缺水的环境，进一步表明AMF在喀斯特植物适应土壤干旱环境方面可能具有重要作用。

通过对不同处理地上生物量、地下生物量、全株生物量、净光合速率和水分利用效率的比较分析后发现，菌种和植物的共生关系存在高度的复杂性和多样性，所以在选择菌种时要充分考虑多个指标，并且要根据恢复地区的环境特点和供试植物的特点进行合理搭配。就本章实验而言，菌种GM和GI在以上5个指标中表现都很稳定，都显著高于对照组，不仅能促进植物生物量的大幅度提高，而且在提高植物光合利用率和抗旱性方面都有显著作用，是应用于石漠化治理的优良菌种。

6.2　接种丛枝菌根真菌对诸葛菜元素吸收的影响

6.2.1　材料与方法

6.2.1.1　供试材料

同 6.1.1.1 节。

6.2.1.2　研究方法

将烘干后的植物样品在液氮制冷下，用自制不锈钢罐粉碎过 100 目筛，包装于密封袋内，置于保干器中备用。

植物营养元素的测定：称取 0.25 g 植物样品置于聚四氟乙烯罐中用混合酸（$HNO_3 + HF$）在不锈钢罐条件下密闭消解。

钾和钙：采用原子吸收分光光度计测定。

全磷：钼锑抗比色，紫外可见分光光度计测定。

碳、氮：采用元素分析仪（PE2400-II）测定。

6.2.2　结果与分析

6.2.2.1　接种 AMF 对诸葛菜碳元素吸收的影响

图 6-7 显示了不同处理对植株地上和地下部碳吸收的影响。由图可知，对地上部而言，菌种 GM、GI、BEG-168、BEG-193 处理下的植株地上部碳含量高于 CK 对照组，而菌种 BEG-141、BEG-167 处理下的植株地上部碳含量低于 CK 对照组，说明接种菌种 GM、GI、BEG-168、BEG-193 能够促进植株对地上部碳的吸收，其中 GI 的促进作用最大，GM、BEG-168 和 BEG-193 的促进作用基本持平，

而菌种 BEG-141 和 BEG-167 没有促进作用；对地下部而言，菌种 BEG-167、BEG-141、GM、GI、BEG-168、BEG-193 都能够促进植株对地下部碳素的吸收，其中 GI 的促进作用最大，其次是 GM 和 BEG-193，然后是 BEG-167 和 BEG-141，BEG-168 的促进作用最弱。对单独的菌种而言，菌种 BEG-167 对地下部碳吸收有促进作用，而对地上部没有促进作用；GM、GI、BEG-193 对地上和地下碳素吸收都有促进作用，对地下的促进作用明显大于地上；BEG-168 对地上和地下碳素吸收都有促进作用，对地上的促进作用略大于地下；BEG-141 对地下部碳吸收有促进作用，对地上部无促进作用。

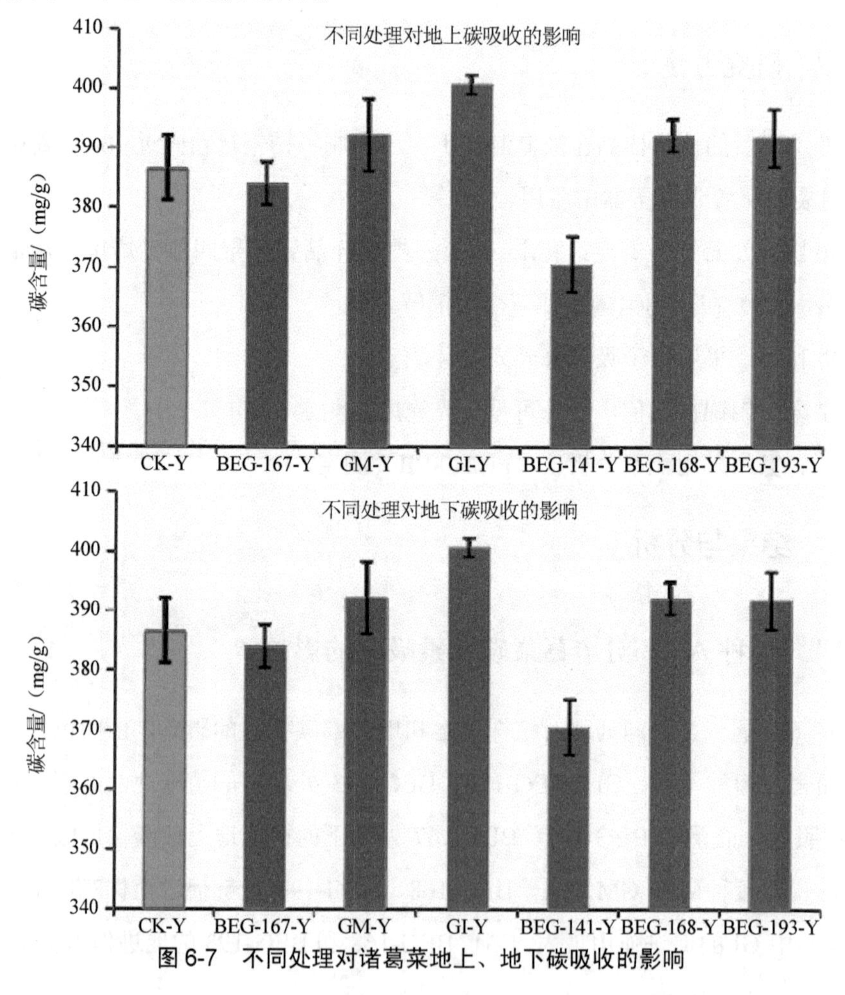

图 6-7　不同处理对诸葛菜地上、地下碳吸收的影响

6.2.2.2　接种 AMF 对诸葛菜氮元素吸收的影响

图 6-8 显示了接种 AMF 对诸葛菜氮素吸收的影响。由图可知，对地上部而言，接种 BEG-167、GM、GI、BEG-141、BEG-168、BEG-193 的植株氮含量都显著低于未接种对照组；对地下部而言，接种 BEG-167、GM、GI、BEG-141、BEG-168、BEG-193 的植株氮含量都显著高于未接种对照组，其中 BEG-141 的促进作用最大，比对照组提高 138%；其次为 BEG-193 和 BEG-168，分别比对照组提高 114%和 102%；再次分别为 GI、GM、BEG-167，分别比对照组提高 71%、56%、38%。对 CK 对照组而言，植株地上部的氮浓度显著高于地下部，而接种组所有菌种都使植株地下部的氮浓度显著高于地上部分，说明 AMF 可以使氮素在植株中积累。

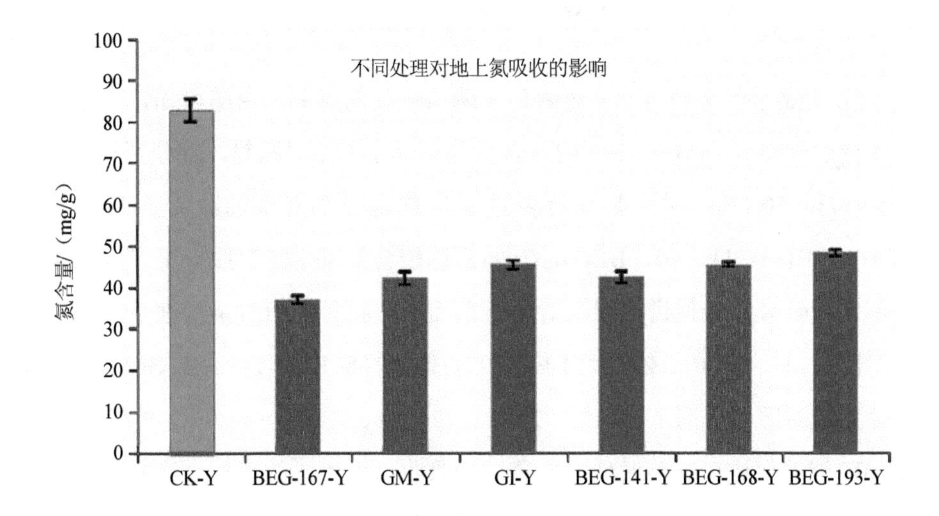

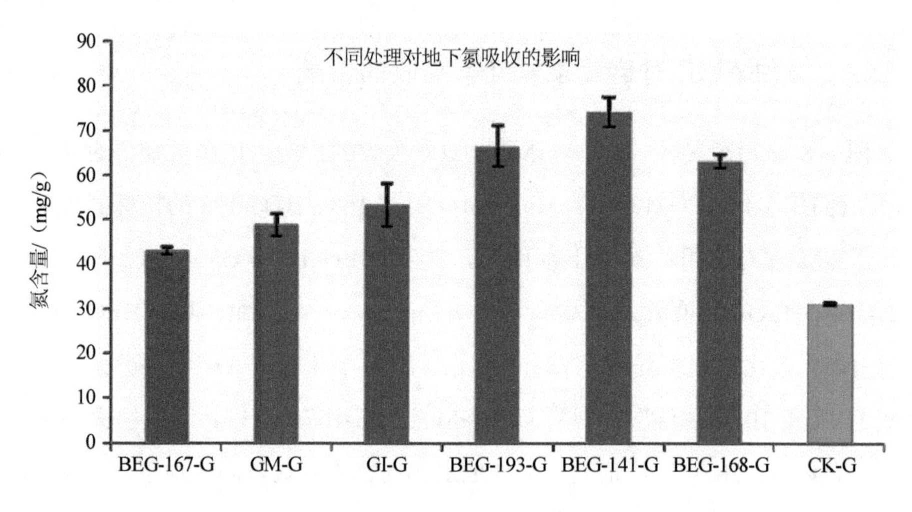

图 6-8 不同处理对诸葛菜地上、地下氮吸收的影响

6.2.2.3 接种 AMF 对诸葛菜磷元素吸收的影响

图 6-9 显示了接种 AMF 对诸葛菜磷素吸收的影响。由图可知，对地上部而言，接种菌种 GM 和 BEG-193 的磷含量显著高于 CK 对照组，且分别较 CK 提高了 65.9%和 50.1%，说明其显著促进了植株地上部对磷的吸收；而接种菌种 BEG-168、BEG-141、GI、BEG-167 的植株磷含量基本与对照持平，说明菌种对地上部的磷素吸收无促进作用。对地下部而言，接种组所有菌种地下部磷含量都高于对照组，按含量高低依次为 BEG-193，BEG-168、BEG-141、GI、GM、BEG-167，它们分别较对照组提高了 34.4%、26.1%、24.5%、23.8%、11.9%、9.7%，说明接种 AMF 能够促进诸葛菜对地下部磷素的吸收，但不同的菌种对诸葛菜磷吸收的促进程度不同。进一步分析发现，菌种 BEG-193 对诸葛菜地上和地下的磷素吸收都有显著的促进作用，分别达到了 50.1%和 34.4%；菌种 GM 对植株地上和地下部的磷素吸收也都有促进作用，但对地上的促进作用（65.9%）要显著大于地下（11.9%）；而菌种 BEG-168、BEG-141、GI、BEG-167 对磷素吸收的促进作用只体现在地下部分，对地上无促进作用。整体而言，接种 AMF 促进了诸葛菜对磷素

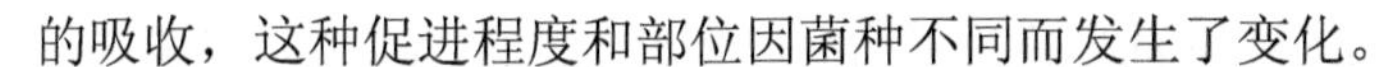
的吸收，这种促进程度和部位因菌种不同而发生了变化。

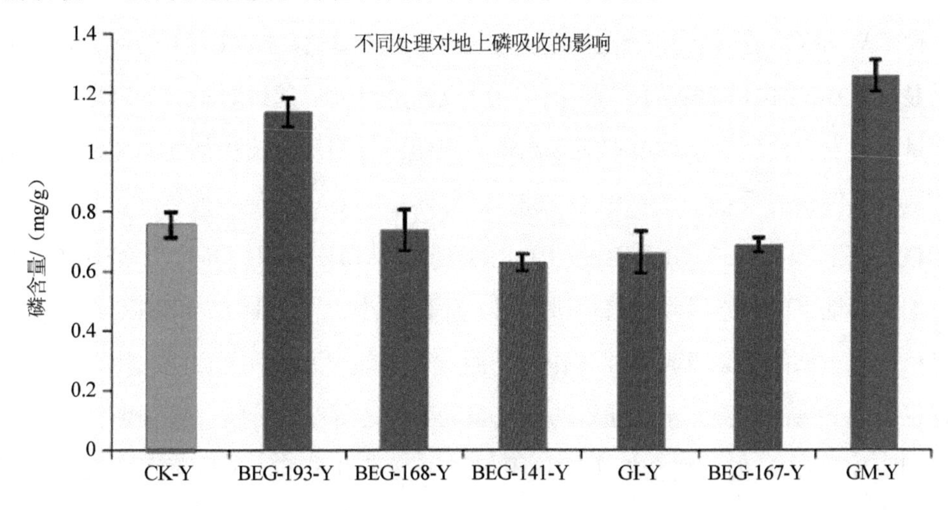

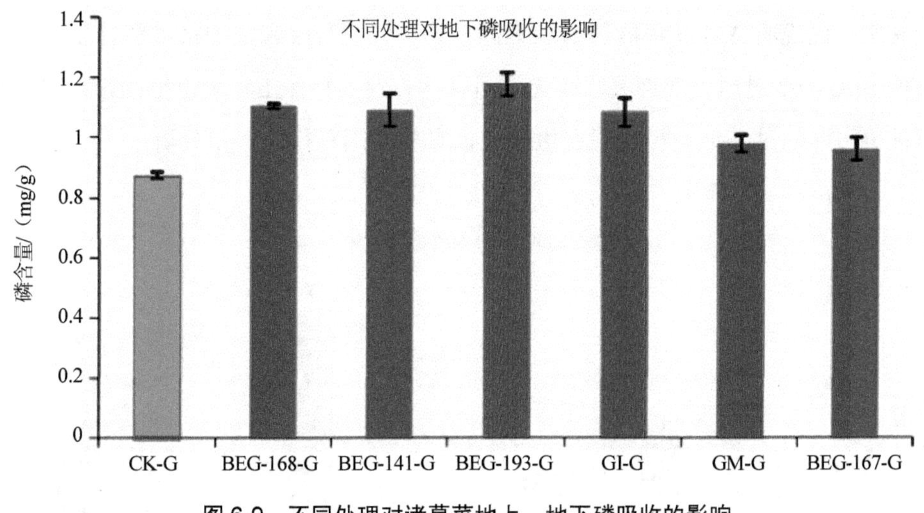

图 6-9　不同处理对诸葛菜地上、地下磷吸收的影响

6.2.2.4　接种 AMF 对诸葛菜钾元素吸收的影响

通过对不同处理地上部钾含量对比发现（图 6-10），接种 GM 和 GI 的植物组地上部钾含量显著高于对照组，BEG-193 的地上部钾含量略高于对照组，而菌种

BEG-141、BEG-167 和 BEG-168 的地上部钾含量都要低于对照组。以上结果说明菌种 GM 和 GI 能够显著促进诸葛菜地上部钾素的吸收，BEG-193 的促进效果不明显，而 BEG-141、BEG-167 和 BEG-168 无促进作用。通过对不同处理地下部钾含量对比发现，所有接种组都显著高于对照组，说明所有菌种都能够显著促进植株地下部钾素的吸收，其中 BEG-168、BEG-141 和 GM 的促进效果基本相当，它们整体高于 BEG-167、GI 和 BEG-193。就整体植株而言，菌种 GM、GI 和 BEG-193 对地上和地下的钾素吸收都有促进作用，而 BEG-141、BEG-167 和 BEG-168 只是对植株地下部的钾素吸收有促进作用，而对地上部钾素吸收无促进作用。钾是植物生长的必需的营养元素，通过与生物量的数据进行综合分析，接种菌种 GM、GI 和 BEG-193 的植物全株生物量不仅显著高于对照组，也显著高于接种菌种 BEG-141 和 BEG-168 的植物全株生物量，而它们对钾素的吸收的对比也呈现出这种规律，这说明 AM 真菌能够通过提高植物体钾素吸收来增加植物整体生物量。菌种 BEG-167 对地上部钾素吸收无促进作用，但其整株生物量也很高，说明有些菌种也可能通过其他途径实现促生效果，具体原因有待进一步分析。

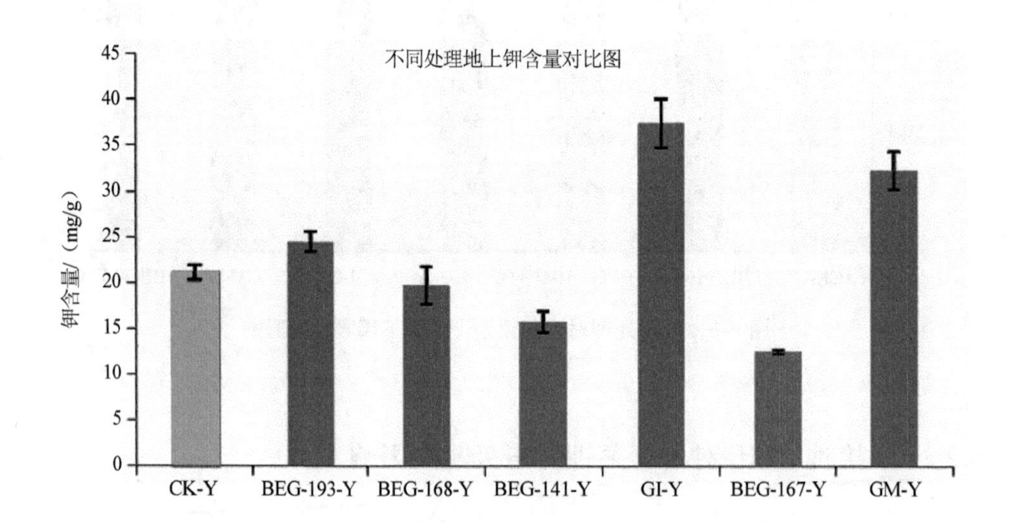

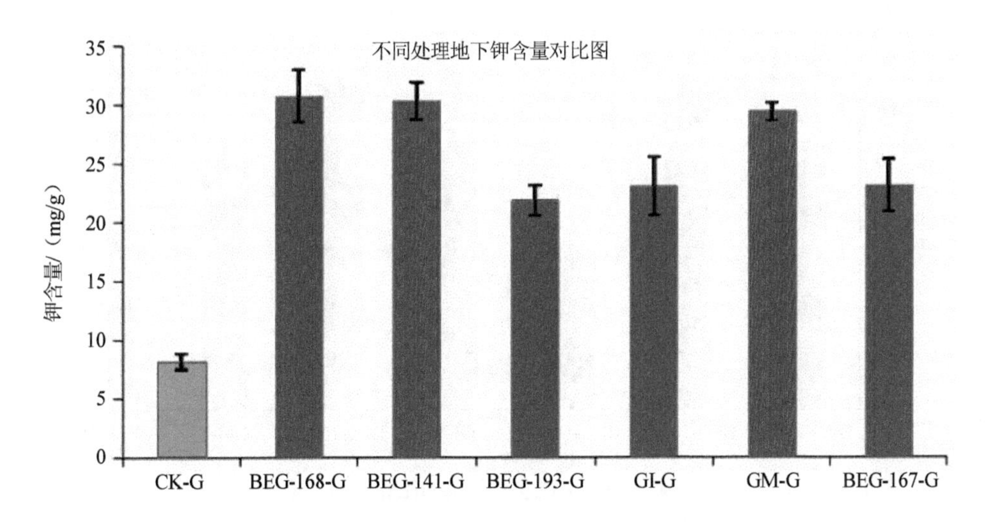

图 6-10　不同处理对诸葛菜地上、地下钾吸收的影响

6.2.2.5　接种 AMF 对诸葛菜钙元素吸收的影响

通过不同处理地上部钙含量对比发现（图 6-11），所有接种组的地上部钙含量都低于对照组，接种 BEG-193、BEG-168、BEG-141、GI、BEG-167、GM 后，植物钙元素吸收量分别比对照组低了 31%、7.6%、55.6%、25.1%、8.8%、31.5%。对地下部而言，接种 BEG-141、GM、GI 后，诸葛菜的钙含量要高于对照组，分别比对照组高 36.9%、90.5%、14.1%，而 BEG-198、BEG-163 和 BEG-167 的钙含量要低于对照组，分别比对照组低 12.9%、16.5%、26.6%。整体分析，接种 AMF 可以减少诸葛菜地上部钙的含量，对地下部而言，不同的菌种表现出了不同的效果，有促进作用也有抑制作用。

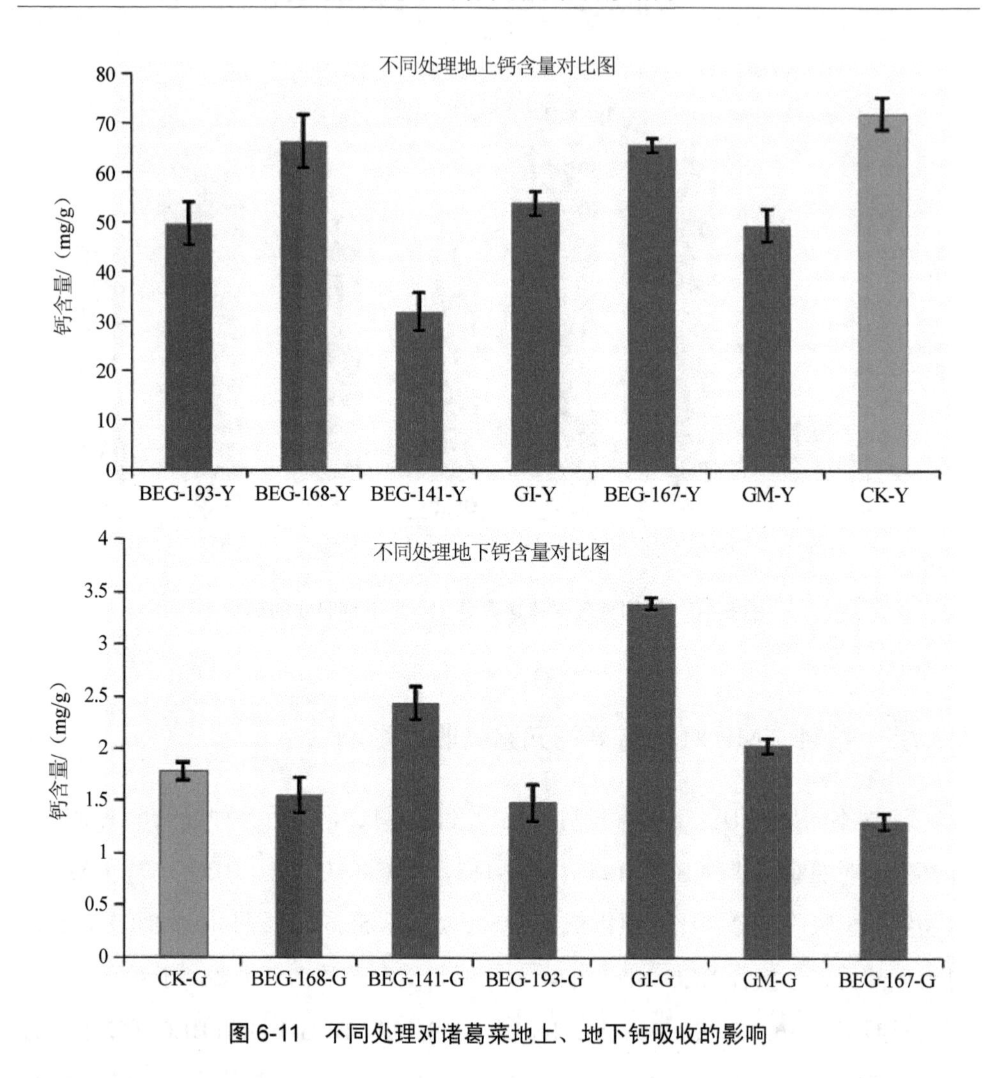

图 6-11　不同处理对诸葛菜地上、地下钙吸收的影响

6.3　小结与讨论

6.3.1　接种丛枝菌根真菌对诸葛菜生长效应的影响

本章选取球囊霉属的 6 种 AMF 菌种对喀斯特适生植物诸葛菜进行接种实验，

镜检结果表明这 6 种菌种都可以侵染诸葛菜根部并形成菌根结构，这是证明菌种与植株发生共生关系的最基础和最直接的证据。生物量是衡量植株生长情况的最直观、最重要的指标，它是植株内在生理状况的综合反映。本章选取的 6 种菌种都显著促进了植株地上、地下和全株生物量的提高，说明 AMF 能够使诸葛菜的各项生理指标向着健康的方向发展。综合分析表明，AMF 的这种促进效应很可能是通过提高植株净光合速率、水分利用效率、磷素和钾素吸收、抑制钙向植物体上部转移等途径实现的，这反映出喀斯特植物通过与 AMF 形成共生关系提高本身对喀斯特环境的综合适应能力，但这几种途径的贡献差别以及它们之间的关系目前还不能给出确切的结论，是否还有其他途径也是需要继续研究的机制问题。

6.3.2　接种丛枝菌根真菌对诸葛菜元素吸收的影响

整体而言，接种 AMF 促进了诸葛菜对磷素的吸收，这种促进程度和部位因菌种不同而发生了变化。所有接种组植株地下部的磷素含量都比对照组高，而地上部只有 BEG-193 和 GM 的磷素含量高于对照组，整体表现出接种菌种对地下部磷素吸收的促进作用高于地上部的趋势。研究表明，菌根植物的吸磷能力强于无菌根植物的重要原因之一是菌根菌丝可以贮存大量的磷，菌丝内无机磷的浓度约为土壤的 100 倍（刘进法，2007）。所以，造成上述现象的原因有可能是接种使大量的磷素聚集在植物根部的 AMF 菌丝内，以保证磷素连续不断地向植物体内运输。这正好反过来证明了本章实验中 AMF 菌丝在磷素吸收方面发挥了重要作用。对于氮素而言，接种组所有菌种的地上部氮素含量均显著低于对照组，而地下部氮素含量均显著高于对照组。AMF 可以利用 NO_3^-、NH_4^+和一些简单的有机氮（Cuenca and Azcón，1994；Li，2007；Jin et al.，2005）。本章实验中 AMF 可能吸收了大量的氮素，但并不是都转移给了植物，大部分则停留在菌丝体内，作为植物的一个备用氮源存在，在需要时以便提供。Yoko 利用 ^{15}N 丰度值对比宿主植物地上和地下氮素含量时发现了同样的现象（Yoko and katsuya，2005）。综合分析接种对植株氮素和磷素吸收的影响，可以发现氮素和磷素在根部滞留的现象，这说明在石灰土上 AMF 对氮素和磷素吸收的促进作用具有同步效应。石灰性土壤中根际 pH 下降有利于植物对磷的吸收，研究表明 AMF 对氮素的吸收以 NH_4^+为主（Li，2007）。而 AMF 利用 NH_4^+-N 恰好能够释放 H^+使土壤酸化，这意味着在喀斯特地区，AMF 很有可能是通过增加氮素特别是铵态氮的吸收来改变根际土壤 pH 从而提高植物对磷素的吸收，而 AMF 可以通过滞留效应吸收的氮素大部分留在根部，一方面作为备用氮源，另一方面保证植株体内的元素平衡。对钾素而言，AMF 能够促进植株对钾素的吸收，不同菌种的促进效果和部位也不同，与生物量数据对比发现，促进钾素吸收能够促进植株生物量的提高。植物如何适应喀斯特高钙环境一直是研究的热点，本章研究结果表明，植物有可能通过与 AMF 的共生关系减少钙向植株地上部的运输，从而减少钙过量对植物体的伤害。不同的 AMF 菌种达到这种效果的方式可能会不同，比如本实验中的 BEG-141、GM 和 GI 有可能是通过将钙富集到根部从而减少向上运输的量，而 BEG-198、BEG-163 和 BEG-167 有可能是一开始就减少钙向植物体内的运输，这种作用可能会通过分泌某些化学物质抑制根际土钙的有效性来实现。

6.3.3 丛枝菌根真菌与喀斯特植物适生性关系的讨论

第 5 章的结果表明喀斯特地区存在大量的丛枝菌根真菌，这种现象的存在必定有其合理性。对其生态功能和喀斯特生态环境特点综合分析后，我们认为喀斯特地区丰富的 AMF 多样性是与这一地区长期协同进化的结果，在植物适应喀斯特干旱、低磷和高钙环境方面发挥着重要作用。本章室内接种实验支持了我们的观点：①接种和非接种菌种的植物在生物量上对比明显，这种促进效果相比同类实验在其他土壤类型上的效果更加明显，侧面说明 AMF 在喀斯特地区扮演的生态位更加重要。②接种能够促进植株水分利用效率和对磷素的吸收，而这两点都是植物在喀斯特地区生长最重要的限制因子。③植物有可能通过与 AMF 的共生关系减少钙向植株地上部的运输，从而减少钙过量对植物体的伤害。④野外调查显示球囊霉属是喀斯特地区 AMF 的优势菌属，因此室内试验选取的都是球囊霉属的 AMF 菌种，结果显示 6 种菌种的促生效应都很明显，这一结果进一步证明球囊霉属在喀斯特生态环境中的重要地位。⑤野外数据显示喀斯特地区 AMF 的遗传多样性非常丰富，我们认为这种现象与喀斯特复杂多变的环境是密切相关的。AM 真菌能够与植物形成多样的共生关系从而适应这一地区多样的环境。室内实验表明不同菌种与植株之间的促进关系呈现出多样化，在促进部位和促进程度等方面都表现出明显差异，这一结果支持了我们野外数据的观点。综上所述，AMF 能够与喀斯特植物形成共生关系，并通过自身的生态功能提高植物的综合适应性，使植物在这一地区健康生长。因此，AM 真菌本身就是植物适应喀斯特环境的重要方式。需要指出的是，本书只是证明了 AMF 是植物适应喀斯特环境的重要方式，但具体的作用机制还需要进一步研究。

6.3.4 丛枝菌根真菌在石漠化治理实践中的讨论

在第 5 章以及之前的讨论中，丛枝菌根真菌的生态学功能和石漠化治理遇到的实际障碍之间有很好的耦合关系，表现出了很强的潜在利用价值。本章通过室内实验证明 AMF 对喀斯特植物具有非常明显的促生效应，而且能够提高植株的水分利用效率和磷素吸收，这些对提高植物在石漠化地区的定植率和健康生长都是非常重要的。室内实验进一步证明 AMF 在石漠化治理实践中的应用价值。室内接种实验对我们以后的应用有以下启示：①不同菌种对植株的促生效果具有显著差异。例如，本实验中菌种 BEG-141 和 BEG-168 的促生效果明显低于其他菌种。在实际应用中我们要注意菌种和植株的合理搭配。②不同菌种对植株不同部位的促生效果不同。例如，本实验中 BEG-141、BEG-193、GM 和 BEG-167、BEG-168 之间的差别，所以，在实际应用中应注意这一点，例如有些经济作物需要不同部位，以后的研究中应当结合不同植物种和菌种的实际情况合理搭配。③不同菌种对植物的生态功能体现的侧重点不同。例如，本章实验中 BEG-167 和 BEG-193 对植物水分利用效率并没有提高，但可以提高植株的磷素吸收，而

BEG-168 和 BEG-141 可以显著提高植物水分利用效率，但对植株生物量的提高远不如其他菌种。这就要求我们要根据生态恢复地区的环境特点因地制宜。综上所述，菌种和植株之间具有明显的相互选择性，在实际应用之前要充分考虑主要目的和地区环境特点等因素，做到合理搭配。特别是在没有明确了解机理之前，可以选择各方面指标比较均衡稳定的菌种作为石漠化生态恢复重点应用菌种。本章实验中，GM 和 GI 在生物量、水分利用效率、磷素吸收等指标方面表现均比较突出，是利用诸葛菜进行生态恢复时的优良备选菌种。

第 7 章

结论与创新

7.1 主要结论

本书对喀斯特4个典型生态演替阶段和3类小生境下的土壤细菌、真菌遗传多样性和功能多样性进行了研究，同时研究了关键功能菌群丛枝菌根真菌的遗传多样性，并通过室内接种实验分析了丛枝菌根真菌与喀斯特适生植物诸葛菜的生长关系。通过以上研究初步得出以下结论：

7.1.1 不同生态演替阶段下的土壤微生物多样性

（1）喀斯特不同生态演替阶段下的土壤细菌和真菌遗传多样性都很丰富，而且都比非喀斯特对照样地遗传多样性高，这说明喀斯特生态系统的土壤微生物遗传多样性整体处于较高水平。喀斯特丰富的土壤微生物遗传多样性带来了丰富的功能多样性，这种较高的遗传和功能多样性意味着其土壤库中的物质循环和能量流动具有高度的复杂性，而这种复杂性可以提高系统对资源的利用效率，有利于生态系统营养水平间的流动趋于平衡和多样，最终提高生态系统的稳定性。总体来讲，喀斯特丰富的土壤微生物多样性是微生物与整个生态系统长期协同进化的结果，是喀斯特生态系统维持自身生态平衡的需要。

（2）本书认为喀斯特较高的微生物多样性具有两面性，一方面可以提高生态系统的抵抗力（相对正常干扰而言），另一方面其带来的生态功能的复杂性降低了生态系统受到强烈干扰后的恢复力。所以本书认为传统的关于喀斯特生态系统稳定性差的观点具有片面性。对喀斯特生态系统稳定性的分析应该分抵抗力和恢复力两方面，从抵抗力方面来讲，原始的喀斯特生态系统具有较高的稳定性，从恢复力方面来讲，原始的喀斯特生态系统具有较低的稳定性。

（3）喀斯特生态演替使土壤微生物遗传多样性和功能多样性都发生了显著变化，凋落物的量和组成上的差异是造成这一现象的主要原因。生态演替使微生物对糖类、羧酸类、聚合物类这三大类具体碳源的利用产生了显著差别。

（4）喀斯特生态演替使细菌和真菌的群落结构都发生了变化，但对真菌群落结构的影响显著大于对细菌群落结构的影响。细菌的生态学功能可能是通过集群作用体现的，而真菌的生态学作用是通过某些关键优势功能菌群体现的。

（5）通过生态演替对微生物功能多样性的影响过程进行分析发现，演替进行到草坡阶段时，微生物的生活史会发生 K-r 的转变，这种转变是对环境发生较大变化的一种适应。综合分析表明，草坡阶段可以视为喀斯特生态系统的生态阈值，以后应加强草坡阶段的生态保护。

7.1.2 不同小生境下的土壤微生物多样性

（1）本书所研究的石缝、石沟和土面三类小生境都具有丰富的细菌遗传多样性、真菌遗传多样性和功能多样性，这一结果表明喀斯特小生境下的土壤微生物多样性处于较高水平。

（2）不同的小生境在微生物遗传多样性、活性和代谢模式上都具有各自的特点，这种微生物多样性的差异会使不同的小生境在物质分解和能量流动方面产生变化，从而具有不同的微生物生态有效性。小生境微生物生态有效性的多样性促进了斑块功能多样化，这种斑块功能多样化是对喀斯特地区高度空间异质性的一种适应，对于维持岩溶生态系统稳定和健康方面具有重要作用。

（3）小生境对细菌和真菌的遗传多样性以及群落结构都产生了影响。对同一个植被类型而言，不同小生境对细菌群落结构的影响要小于对真菌群落结构的影响。对于细菌群落结构而言，植被类型的影响大于小生境对其的影响，而对于真菌群落结构而言，小生境的影响要大于植被类型对其的影响。在小生境微地貌尺度上，细菌群落结构主要受控于碳源的组成，而真菌的群落结构受控于碳源的量和其他土壤物理因素的综合作用。

（4）在同一样地中，不同小生境所带来的异质性对土壤微生物功能的影响主要体现在微生物的活性上，对代谢模式没有显著影响。而不同样地对同类小生境的影响不仅体现在活性的改变，而且对其代谢模式也产生了显著影响。这一结果表明，植被类型对土壤微生物功能多样性的影响要大于小生境对其影响，这种差异是通过对土壤微生物遗传多样性和群落结构影响程度的不同体现出来的。

7.1.3 喀斯特地区丛枝菌根真菌遗传多样性

（1）喀斯特不同植被类型和不同小生境都含有丰富的 AMF 遗传多样性，其水平不仅高于非喀斯特对照样地，同样高于同类研究在其他地区的结果。综合分析表明，喀斯特地区如此丰富的 AMF 遗传多样性是与这一地区气候特征、植被类型、微地貌特征以及土壤理化环境长期协同进化和相互选择的结果，其遗传多样性在植物适应喀斯特干旱、低磷等特殊环境方面可能扮演着重要角色。

（2）生态演替使 AMF 的群落结构产生了显著改变，地上植物种类组成差别较大应该是造成这种现象的主要原因。

（3）小生境所带来的空间异质性显著影响了 AM 真菌的遗传多样性，这种影响是通过光照、水热、土壤质地、有机质和营养元素的差异造成的。这些环境因子对 AMF 的影响作用是综合的，而且这种综合作用的机理具有高度的复杂性和随机性。

（4）基因测序结果表明球囊霉属是喀斯特地区 AMF 的优势菌属。这一结果为筛选喀斯特地区的高效菌种提供了指引，在以后培养喀斯特地区高效生态恢复菌种的时候应重点考虑球囊霉属的一些菌种。

7.1.4 丛枝菌根真菌对喀斯特适生植物生理生态的影响

（1）室内实验证明接种丛枝菌根真菌显著促进了诸葛菜地上、地下和全株生物量的提高，综合分析表明，AMF 的这种促进效应很可能是通过提高植株净光合速率、水分利用效率、磷素和钾素吸收、抑制钙向植物体上部运输等途径实现的，这说明喀斯特植物通过与 AMF 的共生关系提高其对这一地区环境的综合适应能力，但这几种途径的贡献差别以及它们之间的关系目前还不能给出确切的结论，是否还有其他途径这些都是需要继续研究的机制问题。

（2）整体而言，接种 AMF 促进了诸葛菜对磷素的吸收，这种促进程度和部位因菌种不同发生了变化。整体表现出 AMF 对植物地下磷素吸收的促进作用高于地上。对于氮素而言，接种组所有植物的地上部氮素含量均显著低于对照组，而地下氮素含量均显著高于对照组。综合分析接种对植株氮素和磷素吸收的影响，都表现出使氮素和磷素在根部滞留的现象，这说明在石灰土上，AMF 对氮素和磷素吸收的促进作用具有同步效应。综合分析表明，喀斯特地区 AMF 很有可能是通过增加氮素特别是铵态氮的吸收来改变根际土壤 pH 从而提高对磷素吸收的。对钙素而言，植物有可能通过与 AMF 的共生关系减少钙向植株地上部的运输，从而减少钙过量对植物体的伤害，不同的 AMF 菌种达到这种效果的方式可能会不同。

（3）通过野外的 AMF 调查我们认为喀斯特地区丰富的 AMF 多样性是与这一地区长期协同进化的结果，在植物适应喀斯特干旱、低磷和高钙环境方面发挥着重要作用。室内接种实验支持了我们以上的观点：AMF 能够显著提高诸葛菜生物量、水分利用效率和磷素的吸收，减少钙向植物体上部运输。综上所述，AMF 能够与喀斯特植物形成共生关系，并通过自身的生态功能提高植物的综合适应性，使植物在这一地区健康生长，因此，AMF 本身就是植物适应喀斯特环境的重要方式。

（4）室内实验表明不同的 AMF 菌种和植物种之间在促生效果、促生部位和生态功能的侧重点方面具有明显的相互选择性。这就要求我们在实际应用之前要充分考虑主要目的和地区环境特点等因素，做到合理搭配。特别是在没有明确机理之前，可以选择各方面指标比较均衡稳定的菌种作为石漠化生态恢复重点应用菌种。

7.2 特色与创新

（1）利用现代分子生物学方法从 DNA 水平明确了喀斯特生态系统的土壤微生物遗传多样性水平，提出了微生物多样性的两面性，从生物多样性的角度重新探讨了喀斯特生态系统稳定性的特点，为喀斯特生态系统调控和石漠化治理提供了重要理论依据。

（2）从植被类型和小生境两个不同的尺度研究了喀斯特地区的土壤微生物多样性，明确了生态演替和小生境对土壤微生物多样性的影响，并细致地区分了对细菌和真菌影响的不同及原因。这一结果较为系统地阐明了喀斯特地区土壤微生物多样性的特点和分布特征，具有重要学术价值。

（3）研究了喀斯特生态系统丛枝菌根真菌遗传多样性，通过基因测序技术确定了其优势菌属，从地下生态学的角度探讨了丛枝菌根真菌与喀斯特植物适生性的关系。此为本书的开创性成果，为以后丛枝菌根真菌应用于喀斯特地区生态修复实践奠定了坚实基础。

7.3 问题与展望

（1）本书阐明了喀斯特生态演替和小生境空间异质性对土壤微生物多样性的影响，并指出凋落物的量和组成是关键影响因子。但是必须注意，土壤微生物多样性的影响因素是多样的，过程也十分复杂，所以以后应通过长期的野外观测和大量的实验数据，找出其他影响因素的作用以及相互关系和关键生态过程，明确微生物在喀斯特生物地球化学循环过程中的作用。

（2）本书对喀斯特丛枝菌根真菌多样性的研究是基于 DNA 水平进行的，虽然此方法能够更加准确真实地反映其多样性水平，但仍不能忽视传统形态学方法的作用，以后应加强野外丛枝菌根真菌孢子多样性的鉴定，这对筛选喀斯特本土菌种和以后实际应用都具有重要价值。

（3）温室接种实验证明了丛枝菌根真菌能够显著促进诸葛菜的生长，并提高其喀斯特综合适应能力。然而，本书对丛枝菌根真菌与喀斯特植物适生关系的讨论仍是浅显的，缺乏作用机制方面的数据，比如 AMF 是通过何种途径促进了诸葛菜水分利用效率的，对不同形态磷素吸收的差别等。所以，这些作用机理和关键生态过程是以后研究的重点。

参考文献

[1] Abbott L K，Robson A D，Scheltema M A. Managing soils to enhance mycorrhizal benefits in Mediterranean agriculture[J]. Critical Reviews in Biotechnology，1995，15（3-4）：220-224.

[2] Adamson D. Defending the World [M]. London：I B Tauris，1990.

[3] Amann R I，Ludwig E，Schleifer K H. Phylogenetic identification and in situ detection of individual microbial cells without cultivation[J]. Microbiological Research，1995，59（1）：143-169.

[4] Ariana K，Jacques R，Jacques B，et al. Diversity and decomposing ability of saprophytic fungi from temperate forest litter[J]. Microbial Ecology，2009，58（1）：98-107.

[5] Balser T，Kinzig A，Firestone M. The functional consequences of biodiversity[M]. Princeton University Press，2002：265-329.

[6] Barni E，Siniscalco C. Vegeation dynamics and arbuscular mycorrhiza in old-field successions of the western Italian Alps[J]. Mycorrhiza，2000，10（2）：63-72.

[7] Bassam B J，Caetano-Anolles G，Gresshoffet P M. Fast and sensitive silver staining of DNA in polyacrylamide gels[J]. Analytical Biochemistry，1991，196（1）：81-84.

[8] Batten K M，Scow K M，Davies K F，et al. Harrison. Two invasive plants alter soilmicrobial community composition in serpentine grasslands[J]. Biological Invasions，2006，8（2）：217-230.

[9] Berta G，Fusconi A，Trotta A. Morphogenetic modifications induced by the mycorhizal fungus strain E3 in the root system of *Allium porrum* L[J]. New Phytologist，1990，114（2）：207-215.

[10] Bertrand Hélène, Franck Poly, Van Tran Van, et al. High molecular weight DNA recovery from soils prerequisite for biotechnological metagenomic library construction[J]. Journal of Microbiological Methods，2005，62（1）：1-11.

[11] Boehm M J，Wu T Y. Cross-polarized magic-angle spinning ^{13}C nuclear magnetic resonance spectroscopic characterization of soil organic matter relative to culturable bacterial species composition and sustained biological control of Pythium root rot[J]. Applied and Environmental Microbiology，1997，63（1）：162-168.

[12] Brigitte A B，Anderson I C，Xu Z H. RNA and DNA based profiling of soil fungal communities in a native Australian eucalypt forest and adjacent Pinus elliotti plantation[J]. Soil Biology and Biochemistry，2007，39（12）：3108-3114.

[13] Buchan A，Newell S Y，Moreta J I，et al. Analysis of internal transcribed spacer（ITS）regions of rRNA genes in fungal communities in a southeastern U. S. salt marsh[J]. Microbial Ecology，2002，43（3）：329-340.

[14] Bürgmann H，Pesaro M，Widmer F，et al. A strategy for optimizing quality and quantity of DNA extracted from soil[J]. Journal of Microbiological Methods，2001，45（1）：7-20.

[15] Chen D M，Cairney J W G. Investigation of the influence of prescribed burning on ITS profiles of ectomycorrhizal and other soil fungi at three Australian sclerophyll forest sites[J]. Mycological Research，2002，106（5）：532-540.

[16] Chen Z C，Shi Z Y，Tian C Y，et al. Community characteristics of arbuscular mycorrhizal fungi associated with ephemeral plants in southern edge of gurbantunggut desert[J]. Mycosystema，2008，27（5）：663-672.

[17] Cole J R，Chai B，Marsh T L，et al. The Ribosomal Database Project（RDP-II）：previewing a new autoaligner that allows regular updates and the new prokaryotic taxonomy[J]. Nucleic Acids Research，2003，31（1）：442-443.

[18] Comejo P，Azcón-Aguilar C，Barea J M，et al. Temporal temperature gradient gel electrophoresis（TTGE）as a tool for the characterization of arbuscular mycorrhizal fungi[J].

FEMS Microbiology Letters，2004，241（2）：265-270.

[19] Comis D. Glomalin：Hiding place for a third of the world's stored soil carbon [J]. Agricultural Research，2002，50（9）：4-7.

[20] Corradi N，Croll D，Colard A，et al. Sanders. Gene copy number polymorphisms in an arbuscular mycorrhizal fungal population[J]. Applied and Environmental Microbiology，2007，73（1）：366-369.

[21] Corradi N，Sanders I R. Evolution of the P-type Ⅱ ATPase gene family in the fungi and presence of structural genomic changes among isolates of Glomus intraradices[J]. BMC Evolutionary Biology，2006，6（1）：21.

[22] Cuenca G，Azcón R. Effects of ammonium and nitrate on the growth of vesicular-arbuscular mycorrhizal Erythrina poeppigianaO. I. Cook seedlings[J]. Biology and Fertility of Soil，1994，18（3）：249-254.

[23] Cuenca G，Lovera M. Vesicular arbuscular mycorrhizae in disturbed and revegetated sites from La Gran Sabana，Venezuela[J]. Canadian Journal of Botany，1992，70（1）：73-79.

[24] Cullings K，Makhija S. Ectomycorrhizal fungal associates of Pinus contortain soils associated with a hot spring in Norris geyser basin，Yellowstone National Park，Wyoming[J]. Applied Environmental Microbiology，2001，67（12）：5538-5543.

[25] David P H L，Rémi C，Jacques R，et al. Microbial community structure and density under different tree species in an acid forest soil（Morvan，France）[J]. Microbial Ecology，2005，50（4）：614-625.

[26] Davies F，Porter J R，Linderman R G. Drought resistance of mycorrhizal pepper plants independent of leaf phosphorus concentration，response ingas exchange，and water relations[J]. Physiologia Plantarum，1993，87（1）：45-53.

[27] Diamond J M. Colonization of a volcano inside a volcano[J]. Nature，1977，270（5632）：13-14.

[28] Doran J W，Zeiss M R. Soil health and sustainability：Managing the biotic component of soil quality[J]. Applied Soil Ecology，2000，15（1）：3-11.

[29] Driver J D, Holben W E, Rillig M C. Characterization of glomalin as a hyphal wall component of arbuscular mycorrhizal fungi[J]. Soil Biology Biochemistry，2005，37（1）：101-106.

[30] Engelen B, Meinken K, Von Wintzingerode F, et al. Monitoring impact of a pesticide treatment on bacterial soil communities by metabolic and genetic fingerprinting in addition to conventional testing procedures[J]. Applied and Environmental Microbiology，1998，64（8）：2814- 2821.

[31] Franzluebbers A J. Soil organic matter stratification ratio as an indicator of soil quality[J]. Soil and Tillage Research，2002，66（2）：95-106.

[32] Garland J L，Mills A L. Classification and characterization of heterotrophic microbial communities on basis of patterns of community-level sole-carbon-source utilization[J]. Applied and Environmental Microbiology，1991，57（8）：2351-2359.

[33] Ge Z，Rubio G，Lynch J P. The importance of root gravitropism for inter-root competition and phosphorus acquisition efficiency：results from a geometric simulation model[J]. Plant and Soil，2000，218（1）：159-171.

[34] Getherine C A，Wolf J E，Theimer T C. Terrestrial vertebrates promote arbuscular mycorrhizal fungal diversity and inoculum potential in a rain forest soil[J]. Ecology Letter，2002，5（4）：540-548.

[35] Ghorbanli M，Ebrahimzadeh H，Sharifi M. Effects of NaCl and mycorrhizal fungi on antioxidative enzymes in soybean[J]. Biologia Plantarum，2004，48（4）：575-581.

[36] Girlanda M，Perotto S，Moenne-Loccoz Y，et al. Impact of biocontrol Pseudomonas fluorescens CHA0 and a genetically modified derivative an the diversity of culturable fungi in the cucumber rhizosphere[J]. Applied and Environmental Microbiology，2001，67（4）：1851-1864.

[37] Gomes N C M，Fagbola O，Costa R，et al. Dynamics of fungal communities in bulk and maize rhizosphere soil in the tropics[J]. Applied and Environmental Microbiology，2003，69（9）：3758-3766.

[38] Haack S K，Garchow H，Klug M J，et al. Analysis of factors affecting the accuracy，reproducibility and interpretation of microbial community carbon source utilization patterns[J]. Applied and Environmental Microbiology，1995，61（4）：1458-1468.

[39] Hansen R A. Red oak litter promotes a microarthropod functional group that accelerates its decomposition[J]. Plant and Soil，1999，209（1）：37-45.

[40] Hao L R，Fan Y，Hao Z O. SPSS Practical Statistics Analysis[M]. Beijing：China Water Power Press，2003.

[41] Hartnett D C，Wilson G W T. Mycorrhizae influence plant community structure and dviersity in tall grass prairie[J]. Ecology，1999，80（4）：1187-1195.

[42] Hattingh M J，Gray L E，Gerdemann J W. Uptake and translocation of ^{32}P labelled phosphate to onion roots by endomycorrhizal fungi[J]. Soil Science，1973，116（2）：383-387.

[43] Hawksworth D L. The fungal dimension of biodiversity：magnitude，significance，and conservation[J]. Mycological Research，1991，95（6）：641-655.

[44] Hawksworth D L. The magnitude of fungal diversity：The 1.5 million species estimate revisited[J]. Mycological Research，2001，105（12）：1422-1432.

[45] Helgason T，Daniell T J，Husband R，et al. Ploughing up the wood-wide web？[J]. Nature，1998，394（6692）：431.

[46] Hijri M，Sanders I R. Low gene copy number shows that arbuscular mycorrhizal fungi inherit genetically different nuclei[J]. Nature，2005，433：160-163.

[47] Hinsinger P. Bioavailability of soil inorganic P in the rhizosphere as affected by root induced chemical changes：a review[J]. Plant Soil，2001，237（2）：173-195.

[48] Huang J H，Han X G. Biodiversity and ecosystem stability[J]. Chinese Biodiversity，1995，3（1）：31-37.

[49] Ibekwe A M，Kennedy A C，Frohne P S，et al. Microbial diversity along a transect of agronomic zones[J]. FEMS Microbiology Ecology，2002，39（3）：183-191.

[50] Insam H. Are the soil microbial biomass and basal respiration governed by the climatic

regime? [J]. Soil Biology and Biochemistry，1990，22（4）：525-532.

[51] Janos D. Mycorrhizae influence tropical succession[J]. Biotropica，1980，12（2）：56-64.

[52] Jasper D A，Robson A D，Abbott L K. Revegetation in an iron-ore mine-nutrient requirements for plant growth and the potential role of vesicular-arbuscular（VA）mycorrhizal fungi[J]. Australian Journal of Soil Research，1988，26（3）：501-507.

[53] Jastow J D，Miller R M. Soil aggregate stabilization and carbon sequestration：Feedbacks through organomineral associations[A]//Lal R，eds. Soil Processes and the Carbon Cycle[C]. Boca Raton Florida：CRC Press，1998：207-223.

[54] Jeewon R，Hyde K D. Detection and diversity of fungi from environmental samples：traditional versus molecular approaches[J]. Soil Biology，2007（11）：1-15.

[55] Jin H，Pfeffer P E，Douds D D，et al. The uptake，metabolism，transport and transfer of nitrogen in an arbuscular mycorrhizal symbiosis[J]. New Phytologist，2005，168（3）：687-696.

[56] Johnson D，Vandenkoornhuyse P J，Leake J R，et al. Plant communities affect arbuscular mycorrhizal fungal diversity and community composition in grassland microcosms[J]. New Phytologist，2004，161（2）：503-515.

[57] Johnson J F. Root carbon dioxide fixation by phosphorus-deficient lupinus albus，Contribution to organic acid exudation by protenid roots[J]. Plant Physiology，1996，112（1）：19-30.

[58] Jumpponen A. Soil fungal community assembly in a primary successional glacier forefront ecosystem as inferred from rDNA sequence analysis[J]. New Phytologist，2003，158（3）：569-578.

[59] Kaiser J. Rift over biodiversity divides ecologists[J]. Science，2000，289（5483）：1282-1283.

[60] Karlen D L，Gardner J C，Rosek M J. A soil quality framework for evaluating the impact of CRP[J]. Journal of Production Agriculture，1998，11（1）：56-60.

[61] Kennedy A C，Smith K L. Soil microbial diversity and the sustainability of agricultural soils[J]. Plant Soil，1995，170（1）：75-86.

[62] Kernaghan G. Mycorrhizal diversity：Cause and effect? [J]. Pedobiologia，2005，49（6）：

511-520.

[63] Kjoller A，Struwe S. Microfungi in ecosystems：Fungal occurrence and activity in litter and soil[J]. Oikos，1982，39（3）：389-422.

[64] Klironomos J N. Feedback with soil biota contributes to plant rarity and invasiveness in communities[J]. Nature，2002，417（2）：67-69.

[65] Knoop W T，Walker B H. Interactions of woody and herbaceous vegetation in a Southern Africa savanna[J]. Journal of Ecology，1985，73（1）：235-253.

[66] Koch A M，Croll D，Sanders I R. Genetic variability in a population of arbuscular mycorrhizal fungi causes variation in plant growth[J]. Ecological Letters，2006，9（2）：103-110.

[67] Koide R T，Mosse B. A history of research on arbuscular mycorrhiza[J]. Mycorrhiza，2004，14（3）：145-163.

[68] Kowalchuk G A，Gerards S，Woldendorp J W. Detection and characterization of fungal infections of Ammophila arenaria（Marram grass）roots by denaturing gradient gel electrophoresis of specifically amplified 18S rDNA[J]. Applied and Environmental Microbiology，1997，63（10）：3858-3865.

[69] Krsek M，Wellington E M H. Comparison of different methods for the isolation and purificati on of total community DNA form soil[J]. Journal of Microbiological Methods，1999，39（1）：1-16.

[70] Kuhn G，Hijri M，Sanders I R. Evidence for the evolution of multiple genomes in arbuscular mycorrhizal fungi[J]. Nature，2001，414：745-748.

[71] Lapara T M，Konopka A A，Nakastu C H，et al. Effects of elevated soil temperature on bacterial community structure and function in bioreactors treating synthetic wastewater[J]. Journal of Industrial Microbiology and Biotechnology，2000，24（2）：140-145.

[72] Leake J R，Johnson D，Donnelly D，et al. Networks of power and influence：the role of mycorrhizal mycelium in controlling plant communities and agroecosystem functioning[J]. Canadian Journal of Botany，2004，82（8）：1016-1045.

[73] LeGrand H E. Hydrological and ecological problems of karst regions[J]. Science，1973，179（4076）：859-864.

[74] Li Tao，Yu Longjiang. A primary study of adaptive mechanisms of representative plants in karst areas in Southwest China[J]. Earth Science Frontiers，2006，13（3）：180-184.

[75] Li Wei，Yu Longjiang，HE Qiufang，et al. Effects of microbes and the ir carbonic anhydrase on Ca and Mg migration in column-built leached soil—limestone karst systems[J]. Applied Soil Ecology，2005，29（3）：274-281.

[76] W Li，L J Yu，D X Yuan，et al. Bacteria biomass and carbonic anhydrase activity in some karst areas of Southwest China[J]. Journal of Asian Earth Sciences，2004，24（2）：145-152.

[77] Li Xiaolin，George E，Marschner H. Phosphorus depletion and pH decrease at the root-soil and hyphae-soil interfaces of VA-mycorrhizal whiteclover fertilized with ammonium[J]. New Phytologist，1991，119（3）：397-404.

[78] Lin Xiangui，Hao Wenying. Mycorrhizal dependency of various kinds of plants[J]. Acta Botanica Sinica，1989，31（9）：721-725.

[79] Liu R J，Luo X S. A new method to quantify the inoculum potential of arbuscular mycorrhizal fungi[J]. New Phytologist，1994，128（1）：89-92.

[80] Luo H F，Qi H Y，Zhang H X. Assessment of the bacterial diversity in fenvalerate-treated soil[J]. World Journal of Microbiology & Biotechnology，2004，20（5）：509-515.

[81] Lyons J I，Newell S Y，Buchan A，et al. Diversity of ascomycete laccase gene sequences in southeastern US salt marsh[J]. Microbial Ecology，2003，45（3）：270-281.

[82] Martin-Laurent F，Philippot L，Hallet S，et al. DNA extraction from soils：Old bias for new microbial diversity analysis methods[J]. Applied and Environmental Microbiology，2001，67（5）：2354-2359.

[83] McCann K S. The diversity-stability debate[J]. Nature，2000（405）：218-233.

[84] Medeiros P M，Fernandes S F，Dick R P. Seasonal variations in sugar contents and microbial community in a ryegrass soil[J]. Chemosphere，2006，65（5）：832-839.

[85] Miller D N，Bryant J E，Madsen E L，et al. Evaluation and optimization of DNA extraction and purification procedures for soil and sediment samples[J]. Applied and Environmental Microbiology，1999，65（11）：4715 - 4724.

[86] Miller R M，Jastrow J D. The role of mycorrhizal fungi in soil conservation [A]//Bethlenfalvay G J. Mycorrhizae in Sustainable Agriculture [C]. Madison，Wis：American Society of Agriculture，1992，54（2）：29-44.

[87] Miller R M，Kling M. The importance of integration and scale in the arbuscular mycorrhizal symbiosis[J]. Plant and Soil，2000，226（2）：295-309.

[88] Morton J B，Benny G L. Revised classification if arbuscular mycorrhizal fungi（Zygomycetes）：A new order，Glomales，two new suborders，Glominae and Gigasporinae，and two families，Acaulosporaceae and Gigasporaceae，with an emendation of Glomaceae[J]. Mycologia，1990，37（80）：520-524.

[89] Mosse B. Fructifications associated with mycorrhizal strawberry roots[J]. Nature，1953，171：974.

[90] Muyzer G，de Waal E C，Uitterlinden A H. Profiling of complex microbial populations by denaturing gradient gel electrophoresis analysis of polymerase chain reaction-amplified genes coding for 16S rRNA[J]. Applied and Environmental Microbiology，1993，59（3）：695-700.

[91] Muyzer G，Ramsing N B. Molecular methods to study the organization of microbial communities[J]. Water Science & Technology，1996，32（8）：1-9.

[92] Naeem S，Li S B. Biodiversity enhances ecosystem reliability[J]. Nature，1997，390（6659）：507-509.

[93] Noah F，Joshua P S，Patricia A H. Variations in microbial community composition through two soil depth profiles[J]. Soil Biology & Biochemistry，2003，35（1）：167-176.

[94] Noyd R K，Pfleger F L，Norland M R. Field response to added organic matter，arbuscular mycorrhizal fungi，and fertilizer in reclamation of taconite iron ore tailing[J]. Plant and Soil，1996，179（1）：89-97.

[95] Odum E P. The strategy of ecosystem development[J]. Science，1969，164（3877）：262-270.

[96] Oliver L，Gilbert，Penny A. Habitat Creation and repair[M]. Oxford University Press，1998.

[97] Øvreås L，Torsvik V V. Microbial Diversity and Community Structure in Two Different Agricultural Soil Communities[J]. Microbial Ecology，1998，36（3）：303-315.

[98] Packer A，Clay K. Soil pathogens and spatial patterns of seedling mortality in temperate tree[J]. Nature，2000，404：278-281.

[99] Pawlowska T E，Taylor J W. Organization of genetic variation in individuals of arbuscular mycorrhizal fungi[J]. Nature，2004，427：733-737.

[100] Pozo M J，Cordier C，Dumas-Gaudot E，et al. Localized versus systemic effect of arbuscular mycorrhizal fungi on defence responses to Phytophthora infection in tomato plants[J]. Journal of Experimental Botany，2002，53（368）：525-534.

[101] Raich J W，Potter C S，Bhagawati D. Interannual variability in global soil respiration，1980-1994[J]. Globe Change Biology，2002，8（8）：800-812.

[102] Read D. The ties that bind[J]. Nature，1997，388：517-518.

[103] Read D J，Perez-Moreno J. Mycorrhizas and nutrient cycling in ecosystems：a journey towards relevance？[J]. New Phytologist，2003，157（3）：475-492.

[104] Redecker D，Kodner R，Graham L E. Glomalean fungi from the Ordovician[J]. Science，2000，289（5486）：1920-1921.

[105] Reeves F B，Wagner D，Moorman T，et al. The role of endomycorrhizae in revegetation practices in the semiarid West，A comparison of incidence of mycorrhizae in severely disturbed US natural environments[J]. American Journal of Botany，1979，66（1）：6-13.

[106] Renker C，Weißhuhn K，Kellner H，et al. Rationalizing molecular analysis of field-collected roots for assessing diversity of arbuscular mycorrhizal fungi：to pool，or not to pool，that is the question[J]. Mycorrhiza，2006，16（8）：525-531.

[107] Requena N，Perez-Solis E，Azcon-Aguilar C. Management of indigenous plant microbe symbioses aids restoration of desertified ecosystems[J]. Applied and Environmental Microbiol

(S0099-2240), 2001, 67 (2): 495-498.

[108] Rillig M C, Allen M F. What is the role of arbuscular mycorrhizal fungi in plant-to-ecosystem responses to Elevated CO_2[J]. Mycorrhiza, 1999, 9 (1): 1-8.

[109] Rillig M C, Ramsey P W, Morris S, et al. Glomalin an arbuscular mycorrhizal fungal soil protein, responds to land-use change[J]. Plant Soil, 2003, 253 (2): 293-299.

[110] Rillig M C, Steinberg P D. Glomalin production by an arbuscular mycorrhizal fungus: a mechanism of habitat modification? [J]. Soil Biology Biochemistry, 2002, 34(9): 1371-1374.

[111] Rillig M C, Wright S F, Eviner V T. The role of arbuscular mycorrhizal fungi and glomalin in soil aggregation: Comparing effects of five plant species[J]. Plant Soil, 2002, 238 (2): 325-331.

[112] Rillig M C. Arbuscular mycorrhizae and terrestrial ecosystem processes[J]. Ecology Letters, 2004, 7 (8): 740-754.

[113] Rita Musetti, Maria A F. Cytochemical localization of calcium and X-ray microanalysis of *Catharanthus roseus* L. infected with phytoplasmas[J]. Micron, 2003, 34 (8): 387-393.

[114] Robe P, Nalin R, Capellano C, et al. Extraction of DNA from soil[J]. European Journal of Soil Biology, 2003, 39 (4): 183 -190.

[115] Roose-Amsaleg C L, Garnier-Sillam E, Harry M. Extraction and purification of microbial DNA from soil and sediment samples[J]. Applied Soil Ecology, 2001, 18 (1): 47-60.

[116] Rosendahl S. Communities, populations and individuals of arbuscular mycorrhizal fungi [J]. New Phytologist, 2008, 178 (2): 253-266.

[117] Ruehle J L, Marx D H. Fiber, food, fuel and fungal symbionts[J]. Science, 1979, 206(4417): 419-422.

[118] Ruiz-Lozano J M, Azlon R. Hyphal contribution to water uptake in mycorrhizal plants as affected by the fungal species and water status[J]. Physiologia Plantarum, 1995, 95 (3): 427-428.

[119] Ruoz-Lozano J M, Azcna R, Palml J M. Superoxide dismutase activity in arbuscular

mycorrhizal LactucasativaL. plants subjected to drought stress[J]. New Phytologist，1996，134（2）：327-333.

[120] Ruoz-Lozano J M，Collados C，Barea J M，et al. Clonig of cDNAs encoding SODs from lettuce plants which show differential regulation by arbuscular mycorrhizal symbiosis and by drought stress[J]. Journal of Experimental Botany，2001，52（364）：2241-2242.

[121] Schadt C W，Martin A P，Lipson D A，et al. Seasonal dynamics of previously unknown fungal lineages in tundra soil[J]. Science，2003，301（5638）：1359-1361.

[122] Schlesinger W H. Biogeochemistry：an analysis of global change[M]. San Diego，California：Academic Press，1997.

[123] Schutter M，Dick R. Shift in substrate utilization potential and structure of soil microbial communities in response to carbon substrates[J]. Soil Biology and Biochemistry，2001，33（11）：1481-1491.

[124] Schüβler A，Schwarzott D，Walker C. A new fungal phylum，the Glomeromycota：phylogeny and evolution[J]. Mycological Research，2001，105（12）：1413-1421.

[125] Schüβler A. Glomeromycota taxonomy[EB/OL]. http://www. amfphylogeny. com，physical location address：http://www. lrz-muenchen. de/～schuessler/am phylo/[2010-03-13].

[126] Schwarzott D，Schüβler A. A simple and reliable method for SSU rRNA gene DNA extraction，amplification and cloning from single A M fungal spores[J]. Mycorrhiza，2001，10（4）：203-207.

[127] Simard S W，Perry D A，Jones M D，et al. Net transfer of carbon between ectomycorrhizal tree species in the field[J]. Nature，1997，137（3）：529-542.

[128] Simon L，Lalonde M，Bruns T D. Specific amplification of 18S fungal ribosomal genes from vesicular-arbuscular endomycorrhizal fungi colonizing roots[J]. Applied and Environmental Microbiology，1992，58（1）：291-295.

[129] Smith E，Leeflang P，Glandorf B，et al. Analysis of fungal diversity in the wheat rhizosphere by sequencing of cloned PCR-amplified genes encoding 18S rRNA and temperature

gradient gel electrophoresis[J]. Applied and Environmental Microbiology，1999，65（6）：2614-2621.

[130] Smith S E，Read D J. Mycorrhizal symbiosis [M]. London：Academic Press，1997：1-20.

[131] Snders，F E，Tinker，P B. Phosrhato flow into mycorrhizal root[J]. Science，1973（4）：385-395.

[132] Sobek E A，Zak J C. The soil fungi Log procedure：Method and analytical approaches toward understanding fungal functional diversity[J]. Mycologia，2003，95（4）：590-602.

[133] Spehn E M，Joshi J，Sehmid B，et al. Plant diversity effects on soil heterotrophic activity in experimental grassland ecosystems[J]. Plant and Soil，2000，224（2）：217 -230.

[134] Stenberg B. Monitoring soil quality of arable land：microbiological indicators[J]. Acta Agric Scand Section B，Soil and Plant Science，1999，49（1）：1-24.

[135] Stephan A，Meyer A H，Schmid B. Plant diversity affects culturable soil bacteria in experimental grassland communities[J]. Journal of Ecology，2000，88（6）：988-998.

[136] Ström L，Olsson T，Tyler G. Differences between calcifuge and acidifuge plants in root exudation of low molecular organic-acids[J]. Plant and Soil，1994，167（2）：239-245.

[137] Ström L，Owenb A G，Godboldb D L，et al. Organic acid behaviour in a calcareous soil implications for rhizosphere nutrient cycling[J]. Soil Biology & Biochemistry，2005，37（11）：2046-2054.

[138] Ström L. Root exudation of organic acids：importance to nutrient availability and the calcifuge and calcicole behaviour of plants[J]. Oikos，1997，80（3）：459-466.

[139] Sweeting M M. Karst in China，its Geomorphology and Environment[M]. Berlin：Springer-Verlag，1995.

[140] Sykorová Z，Wiemken A，Redecker D. Cooccurring Gentiana verna and Gentiana acaulis and their neighboring plants in two Swiss supper montane meadows harbor distinct arbuscular mycorrhizal fungal communities[J]. Applied and Environmental Microbiology，2007，73（17）：5426-5434.

[141] Sylvia D M. Nursery inoculation of Sea Oats with Vesicular-Arbuscular mycorrhizal fungi and

outplanting performance on Florida Beaches[J]. Journal of Coastal Research，1989，5（4）：747-754.

[142] Tawaraya K，Saito M，Morioka M. Effect of phosphate application to arbuscular mycorrhizal onion on the development and succinat dehydrogenase activity of internal hyphae[J]. Soil Science and Plant Nutrition，1994，40（4）：667-673.

[143] Tawaraya K，Watanabe S，Yoshioda E. Effect of onion（*Allium cepa*）root exudates on the hyphal growth of Gigaspora margarita[J]. Mycorrhiza，1996，6（1）：57-59.

[144] Thornton R H. Fungi occurring inmixed oakwood and heath soil profiles[J]. Transactions of the British Mycological Society，1956，39（4）：485-494.

[145] Tilman D. Biodiversity：Population versus ecosystem stability[J]. Ecology，1996，77（2）：350-363.

[146] Tiquia S M，Lloyd J，Hems D A. Effects of mulching and fertilization on soil nutrients，microbial activity and rhizosphere bacterial community structure determined by analysis of TRFLPs of PCR-amplified 16S rRNA genes[J]. Applied Soil Ecology，2002，21（1）：31-48.

[147] Tisdall J M，Oades J M. Stabilization of soil aggregates by the root systems of ryegrass[J]. Australian Journal of Soil Research，1979，17（3）：429-441.

[148] Torsvik V，Ovreas L. Microbial diversity and function in soil：from genes to ecosystems[J]. Ecology and Industrial Microbiology，2002，5（3）：5240-5245.

[149] Tyler G，Ström L. Differing organic-acid exudation pattern explains calcifuge and acidifuge behavior of plants[J]. Annals of Botany，1995，75（1）：75-78.

[150] Van Bruggen A H C，Semenov A M. In search of biological indicators for soil health and disease suppression[J]. Applied Soil Ecology，2000，15（1）：13-24.

[151] Van derHeijden，Klironimos N，Ursic M. Mycorrhizal fungaldiversity determines plantbiodiversity，ecosystem variability and productivity[J]. Nature，1993，396（5）：69-73.

[152] Vandenkoornhuyse P，Baldauf S L，Leyval C，et al. Extensive fungal diversity in plant roots[J]. Science，2002，295（5562）：2051.

[153] Vigo C，Norman J R，Hooker J E. Biocontrol of the pathogen Phytophthora parasitica by arbuscular mycorrhizal fungi is a consequence of effects on infection loci[J]. Plant Pathology，2000，49（4）：509-514.

[154] Vogt K，Gordon J，Wargo J. Ecosystem[M]. Springer Verlag New York，Inc.，1997.

[155] Waid J S. Does soil biodiversity dependent upon metabolic activity and influences？[J]. Applied Soil Ecology，1999，13（2）：151-158.

[156] Wang S J，lju Q M，Zhang D F. Karst rocky desertification in southwestern China：Geomorphology，landuse，impact and rehabilitation[J]. Land Degradation and Development，2004，15（2）：115-121.

[157] Weidner S，Arnold W，Puhler A. Diversity of uncultured microorganisms associated with the seagrass Halophila stipulacea estimated by restriction fragment length polymorphism analysis of PCR-Amplified 16S rRNA genes[J]. Applied and Environment Microbiology，1996，62（3）：766-771.

[158] Wicklo D T，Carroll G C. The fungal community；its organization and role in the ecosystem[M]. Marcel Dekker，Inc. New York，1981.

[159] Widden P. Fungal communities in soils along an elevation gradient in northern England[J]. Mycologia，1987，79（2）：298-309.

[160] Wright S F，Franke-Snyder M，Morton J B，et al. Time-course study and partial characterization of a protein on hyphae of arbuscular mycorrhiza fungi during active colonization of roots[J]. Plants Soil，1996，181（2）：193-203.

[161] Wright S F，Upadhyaya A，Buyer J S. Comparison of N-linked oligosaccharides of glomalin from arbuscular mycorrhizal fungi and soils by capillary electrophyoresis[J]. Soil Biology Biochemistry，1998，30（13）：1853-1857.

[162] Wright S F，Upadhyaya A. A survey of soils for aggregate stability and glomalin，a glycolprotein produced by hyphae of arbuscular mycorrhizal fungi[J]. Plant Soil，1998，198（1）：97-107.

[163] Wright S F，Upadhyaya A. Extraction of an abundant and unusual protein from soil and comparison with hyphal protein of arbuscular mycorrhizal fungi[J]. Soil Science，1996，161（9）：575-586.

[164] Yoko T，Katsuya Y. Nitrogen delivery to maize via mycorrhizal hyphae depends on the form of N supplied[J]. Plant，Cell and Environment，2005，28（10）：1247-1254.

[165] Yun S J，Kaepple S M. Induction of maize acid phosphatase activities under phosphorous starvation[J]. Plant Soil，2001，237（1）：109-115.

[166] Zabinski C A，Gannon J E. Effects of recreational impacts on soil microbial communities[J]. Environmental Management，1997，21（2）：233-238.

[167] Zak J C，Willig M R，Moorhead D L，et al. Functional diversity of microbial communities：a quantitive approach[J]. Soil Biology and Biochemistry，1994，26（9）：1101-1108.

[168] Zhou J Z，Bruns M A，Tiedje J M. DNA recovery from soils of diverse composition[J]. Applied and Environmental Microbiology，1996，62（2）：316-322.

[169] Zhou Y C，Wang，S J，La，H M，et al. Forest Soil Heterogeneity and Soil Sampling Protocols On Limestone Outctops：Example From S W China[J]. Acta Carsologica，2010，39（1）：115-122.

[170] Zhu Y G，Miller M R. Carbon cycling by arbuscular mycorrhizal fungi in soil-plant systems[J]. Trends in Plant Science，2003，8（9）：407-409.

[171] 安明态. 茂兰喀斯特植被恢复过程群落结构与健康评价[D]. 贵阳：贵州大学，2008.

[172] 白淑兰，阎伟. 菌根生物技术在西部生态环境建设中的应用前景[J]. 内蒙古农业大学学报，2002，23（1）：115-118.

[173] 包玉英，闫伟. 内蒙古中西部草原主要植物的丛枝菌根及其结构类型研究[J]. 生物多样性，2004，12（5）：501-508.

[174] 毕银丽，吴王燕，刘银平. 菌根在煤矸石山大田应用的初步生态效应[J]. 生态学报，2007，27（9）：3738-3743.

[175] 曹建华，袁道先，章程，等. 受地质条件制约的中国西南岩溶生态系统[J]. 地球与环境，

2004，32（1）：1-8.

[176] 柴宗新. 试论广西岩溶区的土壤侵蚀[J]. 山地研究，1989，7（4）：255-260.

[177] 陈怀满. 环境土壤学[M]. 北京：科学出版社，2005.

[178] 陈敏玲，李伟华，陈章和. 不同层面上微生物多样性研究方法[J]. 生态学报，2008，28（12）：6264-6271.

[179] 陈香碧，苏以荣，何寻阳，等. 喀斯特原生土壤与退化生态系统土壤细菌群落结构[J]. 应用生态学报，2009，20（4）：863-871.

[180] 杜雪莲，王世杰. 喀斯特石漠化区小生境特征研究——以贵州清镇王家寨小流域为例[J]. 地球与环境，2010，38（3）：255-261.

[181] 方治国，陈欣. 丛枝菌根在退化土壤恢复中的生态学作用[J]. 生态学杂志，2002，21（2）：61-63.

[182] 房辉，Damodaran P N，曹敏. 西双版纳热带次生林中的丛枝菌根调查[J]. 生态学报，2006，26（12）：4179-4185.

[183] 冯固，白灯莎，杨茂秋，等. 盐胁迫对 VA 菌根形成及接种 VAM 真菌对植物耐盐性的效应[J]. 应用生态学报，1999，10（1）：79-82.

[184] 盖京苹，冯固，李晓林. 丛枝菌根真菌的生物多样性研究进展[J]. 土壤，2005，37（3）：236-242.

[185] 盖京苹，刘润进，李晓林. 山东省不同植被区内野生根围 AM 真菌的生态分布[J]. 生态学杂志，2000，19（4）：18-22.

[186] 高玉峰，贺字典. 影响土壤真菌多样性的土壤因素[J]. 中国农学通报，2010，26（10）：177-181.

[187] 韩芳，邵玉琴，赵吉，等. 皇甫川流域不同土地利用方式下的土壤微生物多样性[J]. 内蒙古大学学报（自然科学版），2003，34（3）：298-303.

[188] 韩玉杰，徐志防，叶万辉，等. 不同类型喀斯特植物的荧光特征及抗旱性比较[J]. 广西植物，2007，27（6）：918-922.

[189] 何良菊，魏德洲，张维庆. 土壤微生物处理石油污染的研究[J]. 环境科学进展，1999，7

（3）：110-115.

[190] 何寻阳，苏以荣，梁月明，等. 喀斯特峰丛洼地不同退耕模式土壤微生物多样性[J]. 应用生态学报，2010，21（2）：317-324.

[191] 何寻阳，王克林，徐丽丽，等. 喀斯特地区植被不同演替阶段土壤细菌代谢多样性及其季节变化[J]. 环境科学学报，2008，28（12）：2590-2596.

[192] 何跃军，钟章成，刘济明，等. 构树幼苗对接种丛枝菌根真菌的生长响应[J]. 应用生态学报，2007，18（10）：2209-2213.

[193] 胡宝清，金姝兰，曹少英，等. 基于 GIS 技术的广西喀斯特生态环境脆弱性综合评价[J]. 水土保持学报，2004，18（1）：103-107.

[194] 胡亚林，汪思龙，颜绍馗. 影响土壤微生物活性与群落结构因素研究进展[J]. 土壤通报，2006，37（1）：170-176.

[195] 黄昌勇. 土壤学[M]. 北京：中国农业出版社，2000.

[196] 黄进勇，李春霞. 土壤微生物多样性的主要影响因子及其效应[J]. 河南科技大学学报（农学版），2004，24（4）：10-13.

[197] 姬飞腾，李楠，邓馨. 喀斯特地区植物钙含量特征与高钙适应方式分析[J]. 植物生态学报，2009，33（5）：926-935.

[198] 冀春花，张淑彬，盖京苹，等. 西北干旱区 AM 真菌多样性研究[J]. 生物多样性，2007，15（1）：77-83.

[199] 江云飞，蔡柏岩. PCR-DGGE 技术在细菌多样性研究中的条件优化[J]. 生物技术，2009，19（5）：84-87.

[200] 姜德锋，蒋家慧，李敏，等. AM 菌对玉米某些生理特性和籽粒产量的影响[J]. 中国农业科学杂志，1998，31（1）：15-20.

[201] 靖娟利，陈植华，胡成. 中国西南部岩溶山区生态环境脆弱性评价[J]. 地质科技情报，2003，22（3）：95-99.

[202] 孔维栋，刘可星. 有机物料种类及腐熟水平对土壤微生物群落的影响[J]. 应用生态学报，2004，15（3）：487-492.

[203] 李安定，卢永飞，韦小丽，等. 花江喀斯特峡谷地区不同小生境土壤水分的动态研究[J]. 中国岩溶，2008，27（1）：56-62.

[204] 李博. 生态学[M]. 北京：高等教育出版社，2000：76-83.

[205] 李凤全，张殿发. 贵州喀斯特石漠化危害与生态经济防治对策[J]. 生态经济，2003（10）：74-76.

[206] 李涛，余龙江. 西南岩溶环境中典型植物适应机制的初步研究[J]. 地学前缘，2006，13（3）：180-184.

[207] 李涛，赵之伟. 丛枝菌根真菌产球囊霉素研究进展[J]. 生态学杂志，2005，24（9）：1080-1084.

[208] 李侠，张俊伶. 丛枝菌根根外菌丝对不同形态氮素的吸收能力[J]. 核农学报，2007，21（2）：195-200.

[209] 李岩，焦惠，徐丽娟，等. AM 真菌群落结构与功能研究进展[J]. 生态学报，2010，30（4）：1089-1096.

[210] 李阳兵，王世杰，魏朝富. 岩溶生态系统脆弱性剖析[J]. 热带地理，2006，26（4）：303-307.

[211] 李阳兵，王世杰，李瑞玲. 不同地质背景下岩溶生态系统的自然特征差异——以茂兰和花江为例[J]. 地球与环境，2004，32（1）：9-16.

[212] 李阳兵，王世杰，容丽. 关于中国西南喀斯特石漠化的若干问题[J]. 长江流域资源与环境，2003，12（6）：593-598.

[213] 李阳兵，谢德体，魏朝富，等. 西南岩溶山地生态脆弱性研究[J]. 中国岩溶，2002，21（1）：25-29.

[214] 李阳兵，谢德体，魏朝富. 岩溶生态系统土壤及表生植被某些特性变异与石漠化的相关性[J]. 土壤学报，2004，41（2）：196-202.

[215] 梁亮，刘志霄，张代贵，等. 喀斯特地区石漠化治理的理论模式探讨[J]. 应用生态学报，2007，18（3）：595-600.

[216] 廖洪凯，龙健，李娟，等. 喀斯特地区不同植被下小生境土壤矿物组成及有机碳含量空间异质性初步研究[J]. 中国岩溶，2010，29（4）：434-439.

[217] 廖继佩，林先贵，曹志洪，等. 丛枝菌根真菌与重金属的相互作用对玉米根际微生物数量和磷酸酶活性的影响[J]. 应用与环境生物学报，2002，8（4）：408-413.

[218] 林先贵，胡君利. 土壤微生物多样性的科学内涵及其生态服务功能[J]. 土壤学报，2008，45（5）：892-900.

[219] 刘邦芳，赵淇，朱均，等. 灰棕紫泥土中具生态适应能力丛枝菌根真菌的筛选[J]. 西南农业大学学报（自然科学版），2006，28（4）：577-579.

[220] 刘方，王世杰，罗海波，等. 喀斯特森林生态系统的小生境及其土壤异质性[J]. 土壤学报，2008，45（6），1055-1062.

[221] 刘进法，夏仁学，王明元，等. 丛枝菌根促进植物根系吸收难溶态磷的研究进展（综述）[J]. 亚热带植物科学，2007，36（4）：62-66.

[222] 刘润进，陈应龙. 菌根学[M]. 北京：科学出版社，2007.

[223] 刘润进，焦惠，李岩，等. 丛枝菌根真菌物种多样性研究进展[J]. 应用生态学报，2009，20（9）：2301-2307.

[224] 刘淑明，徐青萍，刘海秀，等. 太白山自然保护区环境条件对真菌群落结构的影响[J]. 西北林学院学报，2006，21（6）：66-69.

[225] 刘文科，杜连凤. 不同类型土壤上接种丛枝菌根真菌对玉米氮素吸收的影响[J]. 玉米科学，2007，15（6）：103-105.

[226] 刘延鹏，Sohn B，王淼焱，等. AM 真菌遗传多样性研究进展[J]. 生物多样性，2008，16（3）：225-228.

[227] 刘永俊. 丛枝菌根的生理生态功能[J]. 西北民族大学学报（自然科学版），2008，29（69）：54-58.

[228] 刘玉杰. 喀斯特地区植被演替对土壤微生物及土壤 CO_2 中 ^{13}C 值的影响[D]. 贵阳：中国科学院地球化学研究所，2011.

[229] 柳新伟，周厚诚，李萍，等. 生态系统稳定性定义剖析[J]. 生态学报，2004，24（11）：2635-2640.

[230] 龙健，李娟，黄昌勇. 我国西南地区的喀斯特环境与土壤退化及其恢复[J]. 水土保持学报，

2002，16（5）：5-8.

[231] 龙良鲲，羊宋贞，姚青，等. AM 真菌 DNA 的提取与 PCR-DGGE 分析[J]. 菌物学报，2005，24（4）：564-569.

[232] 罗海波，蒲通达，陈祖拥，等. 贵州南部喀斯特植被群落变化对小生境土壤养分的影响[J]. 贵州农业科学，2010，38（6）：112-115.

[233] 孟庆杰，许艳丽，李春杰，等. 不同植被覆盖对黑土微生物功能多样性的影响[J]. 生态学杂志，2008，27（7）：1134-1140.

[234] 苗淑杰，乔云发，韩晓增，等. 大豆根系特征与磷素吸收利用的关系[J]. 大豆科学，2007，26（1）：16-20.

[235] 潘根兴，曾建华. 表层带岩溶作用：以土壤媒介的地球表层生态系统过程——以桂林峰丛洼地岩溶系统为例[J]. 中国岩溶，1999，18（4）：287-296.

[236] 盘邹. 喀斯特生态系统的生境异质性与植物适应性[D]. 桂林：广西师范大学，2006.

[237] 彭思利，申鸿，郭涛. 接种丛枝菌根真菌对土壤水稳性团聚体特征的影响[J]. 植物营养与肥料学报，2010，16（3）：695-700.

[238] 朴河春，洪业汤，袁芷云. 贵州山区土壤中微生物生物量是能源物质碳流动的源与汇[J]. 生态学杂志，2001，20（1）：33-37.

[239] 冉景丞，何师意，曹建华，等. 亚热带喀斯特森林的水土保持效益研究——以贵州茂兰国家级自然保护区为例[J]. 水土保持学报，2002，16（5）：92-95.

[240] 任海. 喀斯特山地生态系统石漠化过程及其恢复研究综述[J]. 热带地理，2005，25（3）：195-200.

[241] 任京辰，张平究，潘根兴，等. 岩溶土壤的生态地球化学特征及其指示意义——以贵州贞丰—关岭岩溶石山地区为例[J]. 地球科学进展，2006（5）：504-512.

[242] 容丽，王世杰，杜雪莲，等. 喀斯特峡谷石漠化区 6 种常见植物叶片解剖结构与 $\delta^{13}C$ 值的相关性[J]. 林业科学，2008，44（10）：29-34.

[243] 容丽，王世杰，杜雪莲. 贵州花江峡谷区常见乔灌植物叶片 $\delta^{13}C$ 值对喀斯特石漠化程度的响应[J]. 林业科学，2007，43（6）：38-44.

[244] 阮晓东，张惠文，孙冬雪，等. 油松阔叶混交林不同层次优势植被根区土壤真菌的群落结构[J]. 东北林业大学学报，2009，37（5）：48-50.

[245] 沈利娜，邓新辉，蒋忠诚，等. 不同植被演替阶段的岩溶土壤微生物特征——以广西马山弄拉峰丛洼地为例[J]. 中国岩溶，2007，26（4）：310-333.

[246] 石伟琦. 丛枝菌根真菌对内蒙古草原大针茅群落的影响[J]. 生态环境学报，2010，19（2）：344-349.

[247] 石兆勇，高双成，王发园. 荒漠生态系统中丛枝菌根真菌多样性[J]. 干旱区研究，2008，25（6）：783-789.

[248] 宋林华. 喀斯特地貌研究进展与趋势[J]. 地理科学进展，2000，19（3）：193-202.

[249] 宋勇春，李晓林，冯固，等. 菌根际及菌丝酸性磷酸酶活性的简易测试[J]. 科学通报，2000，50（1）：187-191.

[250] 唐明，陈辉，商鸿生. 丛枝菌根真菌（AMF）对沙棘抗旱性的影响[J]. 林业科学，1999，35（3）：48-52.

[251] 陶媛，郝丹东. 植物多样性对丛枝菌根真菌多样性的影响研究进展[J]. 农业科学研究，2009，30（1）：55-58.

[252] 屠玉麟. 贵州喀斯特森林的初步研究[J]. 中国岩溶，1989，8（4）：282-290.

[253] 屠玉麟. 贵州岩溶地区森林资源现状及原因分析[M]. 北京：北京科学技术出版社，1994：40-46.

[254] 王发园，刘润进. 环境因子对AM真菌多样性的影响[J]. 生物多样性，2001，9（3）：301-305.

[255] 王发园，刘润进. 黄河三角洲盐碱土壤中AM真菌的初步调查[J]. 生物多样性，2001，9（4）：389-392.

[256] 王发园，刘润进. 几种生态环境中AM真菌多样性比较研究[J]. 生态学报，2003，23（12）：2666-2671.

[257] 王国宏. 再论生物多样性与生态系统的稳定性[J]. 生物多样性，2002，10（1）：126-134.

[258] 王立，贾文奇，马放，等. 菌根技术在环境修复领域中的应用及展望[J]. 生态环境学报，2010，19（2）：487-493.

[259] 王世杰，李阳兵，李瑞玲. 喀斯特石漠化的形成背景、演化与治理[J]. 第四纪研究，2003，23（6）：657-666.

[260] 王世杰，李阳兵. 喀斯特石漠化研究存在的问题与发展趋势[J]. 地球科学进展，2007，22（6）：573-582.

[261] 王世杰，卢红梅，周运超，等. 茂兰喀斯特原始森林土壤有机碳的空间变异性与代表性土样采集方法[J]. 土壤学报，2007，44（3）：475-483.

[262] 王世杰，张殿发. 贵州反贫困系统工程[M]. 贵阳：贵州人民出版社，2003.

[263] 王世杰. 喀斯特石漠化——中国西南最严重的生态地质环境问题[J]. 矿物岩石地球化学通报，2003，22（2）：120-126.

[264] 王书锦，胡江春，张宪武. 新世纪中国土壤微生物学的展望[J]. 微生物学杂志，2002，22（1）：36-39.

[265] 王曙光，林先贵. 丛枝菌根（AM）与植物的抗逆性[J]. 生态学杂志，2001，20（3）：27-30.

[266] 王曙光，林先贵. 菌根在污染土壤生物修复中的作用[J]. 农村生态环境，2001，17（1）：56-59.

[267] 王周平，李旭光，石胜友，等. 缙云山森林林隙与非森林林隙物种多样性比较研究[J]. 应用生态学报，2003，14（1）：7-10.

[268] 魏媛，张金池，俞元春，等. 贵州高原退化喀斯特森林恢复过程中土壤微生物生物量碳、微生物熵的变化[J]. 农业现代化研究，2009，30（4）：487-490.

[269] 魏媛，张金池，俞元春，等. 退化喀斯特植被恢复过程中土壤生化作用强度变化[J]. 中国水土保持，2009，10：29-32，64.

[270] 魏媛，张金池，喻理飞. 退化喀斯特植被恢复过程中土壤微生物生物量碳的变化[J]. 南京林业大学学报（自然科学版），2008，32（5）：71-75.

[271] 魏媛. 退化喀斯特植被恢复过程中土壤生物学特性研究——以贵州花江地区为例[D]. 南京：南京林业大学，2008.

[272] 魏源，王世杰，刘秀明，等. 不同喀斯特小生境中土壤丛枝菌根真菌的遗传多样性[J]. 植物生态学报，2011，35（10）：1083-1090.

[273] 魏源，王世杰，刘秀明，等. 喀斯特地区丛枝菌根真菌遗传多样性[J]. 生态学杂志，2011，30（10）：2220-2226.

[274] 向旭，赵洪，邓功成. 黔南喀斯特次生灌丛群落菌根调查[J]. 安徽农业科学，2009，37（19）：9073-9074.

[275] 肖德安. 土壤水与表层岩溶泉水地球化学特征及其对植被—土壤关联退化的响应研究[D]. 北京：中国科学院，2009.

[276] 谢世友. 中国西南岩溶的特色与隐忧[J]. 国家人文地理，2009，6（8）：10.

[277] 熊华，刘济明，谢元贵，等. 中度石漠化小生境特征及分布格局研究[J]. 安徽农业科学，2008，36（34）：15101-15104.

[278] 熊康宁，肖时珍，刘子琦，等. “中国南方喀斯特”的世界自然遗产价值对比分析[J]. 中国工程科学，2008，10（4）：17-28.

[279] 熊平生，袁道先，谢世友. 我国南方岩溶山区石漠化基本问题研究进展[J]. 中国岩溶，2010，29（4）：355-362.

[280] 严小龙，廖红. 植物根构型特性与磷吸收效率[J]. 植物学通报，2000，17（6）：511-519.

[281] 杨明德. 论喀斯特环境的脆弱性[J]. 云南地理环境研究，1990，2（1）：21-29.

[282] 杨如意，陈欣，唐建军，等. 丛枝菌根真菌 AMF 群落物种多样性研究技术进展[J]. 科技通报，2005，21（6）：668-673.

[283] 杨瑞，喻理飞，安明态. 喀斯特区小生境特征现状分析：以茂兰自然保护区为例[J]. 贵州农业科学，2008，36（6）：168-169.

[284] 杨永华，姚健，华晓梅. 农药污染对土壤微生物群落功能多样性的影响[J]. 微生物学，2000，20（2）：23-25.

[285] 杨振寅，廖声熙. 丛枝菌根对植物抗性的影响研究进展[J]. 世界林业研究，2005，18（2）：26-29.

[286] 叶岳，周运超. 喀斯特石漠化小生境对大型土壤动物群落结构的影响[J]. 中国岩溶，2009，28（4）：413-418.

[287] 余龙江，李为，栗茂腾，等. 西南岩溶生态系统脆弱性的生物学诊断及其治理的生物技

术措施[J]. 地球科学进展，2006，21（3）：228-234.

[288] 俞国松，王世杰，容丽，等. 茂兰喀斯特森林主要演替群落的凋落物动态[J]. 植物生态学报，2011，35（10）：1019-1028.

[289] 袁道先，刘再华. 碳循环与岩溶地质环境[M]. 北京：科学出版社，2003.

[290] 袁道先，蔡桂鸿. 岩溶环境学[M]. 重庆：重庆科学技术出版社，1988.

[291] 袁道先. 全球岩溶生态系统对比：科学目标和执行计划[J]. 地球科学进展，2001，16（4）：461-466.

[292] 袁道先. 岩溶石漠化问题的全球视野和我国的治理对策与经验[J]. 草业科学，2008，25（9）：19-25.

[293] 詹建立，易霞. 微生物群落与土地荒漠化的相关性研究[J]. 生物技术，2009，19（3）：90-92.

[294] 张炳欣，张平，陈晓斌. 影响引入微生物根部定殖的因素[J]. 应用生态学报，2000，11（6）：951-953.

[295] 张晶，张惠文，李新宇，等. 土壤真菌多样性及分子生态学研究进展[J]. 应用生态学报，2004，15（10）：1958-1962.

[296] 张美庆，王幼珊，邢礼军. 环境因子和 AM 真菌分布的关系[J]. 菌物系统，1999，18（1）：25-29.

[297] 张美庆，王幼珊，邢礼军. 我国东南沿海地区 AM 真菌群落生态分布研究[J]. 菌物系统，1998，17（3）：274-277.

[298] 张美庆，王幼珊，张驰，等. 我国北方 VA 菌根真菌某些属和种的生态分布[J]. 真菌学报，1994，13（3）：166-172.

[299] 张盼盼，胡远满. 喀斯特石漠化及其景观生态学研究展望[J]. 长江流域资源与环境，2008，17（5）：808-813.

[300] 张平究，潘根兴. 植被恢复不同阶段下喀斯特土壤微生物群落结构及活性的变化——以云南石林景区为例[J]. 地理研究，2010，29（2）：223-234.

[301] 张瑞福，崔中利，李顺鹏. 土壤微生物群落结构研究方法进展[J]. 土壤，2004，36（5）：476-480.

[302] 张薇，魏海雷，高洪文，等. 土壤微生物多样性及其环境影响因子研究进展[J]. 生态学杂志，2005，24（1）：48-52.

[303] 张文辉，卢涛，马克明，等. 岷江上游干旱河谷植物群落分布的环境与空间因素分析[J]. 生态学报，2004，24（3）：552-559.

[304] 张旭霞，刘左军，陈正宏. 土壤微生物多样性的研究方法[J]. 安徽农业科学，2007，35（32）：10373-10375.

[305] 张英，郭良栋，刘润进. 都江堰地区丛枝菌根真菌多样性与生态研究[J]. 植物生态学报，2003，27（4）：537-544.

[306] 张志权，束文圣，廖文波，等. 豆科植物与矿业废弃地植被恢复[J]. 生态学杂志，2002，21（2）：47-52.

[307] 章家恩，蔡燕飞，高爱霞，等. 土壤微生物多样性实验研究方法概述[J]. 土壤，2004，36（4）：346-350.

[308] 赵光，王宏燕. 土壤微生物多样性的分子生态学研究方法[J]. 中国林副特产，2006（1）：54-56.

[309] 赵平，彭少麟，张经炜. 恢复生态学退化生态系统生物多样性恢复的有效途径[J]. 生态学杂志，2000，19（1）：53-58.

[310] 赵士杰，李树林. VA 菌根促进韭菜增产的生理基础研究[J]. 土壤肥料，1993（4）：38-40.

[311] 赵之伟，李习武，王国华，等. 西双版纳热带雨林中丛枝菌根真菌的初步研究[J]. 菌物系统，2001，20（3）：316-323.

[312] 郑华，欧阳志云，方治国，等. Biolog 在土壤微生物群落功能多样性研究中的应用[J]. 土壤学报，2004，41（3）：456-461.

[313] 郑华，欧阳志云，王效科，等. 不同森林恢复类型对土壤微生物群落的影响[J]. 应用生态学报，2004，15（11）：2019-2024.

[314] 中国科学院学部. 关于推进西南岩溶地区石漠化综合治理的若干建议[J]. 地球科学进展，2003，18（4）：489-492.

[315] 周德庆. 微生物学教程[M]. 北京：高等教育出版社，1993.

[316] 周桔，雷霆. 土壤微生物多样性影响因素及研究方法的现状与展望[J]. 生物多样性，2007，15（3）：306-311.

[317] 周群英，高延耀. 环境工程微生物学[M]. 北京：高等教育出版社，1998.

[318] 周游游，黎树式，黄天放. 我国喀斯特森林生态系统的特征及其保护利用——以西南地区茂兰、木论、弄岗典型喀斯特森林区为例[J]. 广西师范学院学报（自然科学版），2003，20（3）：67-72.

[319] 周运超，潘根兴. 茂兰森林生态系统对岩溶环境的适应与调节[J]. 中国岩溶，2001，20（1）：47-52.

[320] 周政贤. 茂兰喀斯特森林科学考察集[M]. 贵阳：贵州人民出版社，1987.

[321] 朱华. 中国南方石灰岩（喀斯特）生态系统及生物多样性特征[J]. 热带林业，2007，35（S1）：44-47.

[322] 朱守谦，何纪星，魏鲁明. 茂兰喀斯特森林小生境特征研究[A]//朱守谦. 喀斯特森林生态研究[C]. 贵阳：贵州科技出版社，2003：38-48.

[323] 朱守谦. 喀斯特森林生态研究（Ⅰ）[M]. 贵阳：贵州科技出版社，1993：52-62.

[324] 朱守谦. 喀斯特森林生态研究（Ⅱ）[M]. 贵阳：贵州科技出版社，1997：33-167.

[325] 朱守谦. 喀斯特森林生态研究（Ⅲ）[M]. 贵阳：贵州科技出版社，2003.